Mebs

Leben mit Gift

Dietrich Mebs

Leben mit Gift

Wie Tiere und Pflanzen damit zurechtkommen und was wir daraus lernen können

S. Hirzel Verlag

Bibliografische Information der Deutschen Nationalbibliothek
Die Deutsche Nationalbibliothek verzeichnet diese Publikation in der Deutschen Nationalbibliografie; detaillierte bibliografische Daten sind im Internet über http://dnb.d-nb.de abrufbar.

ISBN 978-3-7776-2575-1 (Print)
ISBN 978-3-7776-2619-2 (E-Book, PDF)

Birkenwaldstraße 44, 70191 Stuttgart
Printed in Germany
Einbandgestaltung: deblik, Berlin
Umschlagabbildung: kikkerdirk/fotolia
Satz: abavo GmbH, Buchloe
Druck & Bindung: Kösel, Krugzell

www.hirzel.de

Inhalt

Vorwort

Ein bunter Frosch auf dem Umschlag eines Giftbuches? Es ist ein Pfeilgiftfrosch aus Südamerika, der in seiner Haut einen hoch giftigen Cocktail aus Alkaloiden enthält. Die hat er seiner Nahrung, Ameisen und Erdmilben entnommen und bringt es fertig, sie ohne Schaden zu nehmen zu speichern, um sich damit vor seinen Feinden zu schützen. Warum er Pfeilgiftfrosch heißt, dazu mehr in einem Kapitel dieses Buches.

Leben mit Gift und wie man damit umgeht ist für Tiere und Pflanzen eine Überlebensfrage. Sie stehen untereinander in einem ständigen Wettbewerb, wer jeweils das tollste Gift produziert, und bringen es trotzdem fertig, gefahrlos damit umzugehen. Auf welche Weise sie dies bewerkstelligen, ist Thema dieses Buches. Die vorgestellten Beispiele können jedoch nur ausschnittsweise wiedergeben, was sich hierzu in der Natur abspielt. Viele Fragen bleiben offen, genug für zukünftige Forschergenerationen.

Zahlreiche Kollegen haben in den vergangenen Jahrzehnten ihr Wissen zu giftigen Tieren und Pflanzen mit mir geteilt und die Ergebnisse ihrer Forschung mit mir diskutiert. Oft führte dies zu fruchtbaren Kooperationen und ließ letztlich den Entschluss reifen, dieses Buch zu schreiben. Zu danken habe ich auch meinen Kolleginnen und Kollegen am Institut für Rechtsmedizin der Uni Frankfurt, ohne deren Unterstützung und analytische Kompetenz viele der Ergebnisse, die ich im Buch beschreibe, nicht erzielt worden wären. Frau Dr. Angela Meder vom Hirzel Verlag bin ich für die kompetente Betreuung des Manuskripts, für Anregungen und Hinweise zu Dank verpflichtet.

Bei einem philosophischen Diskurs mit einem evangelischen Pfarrer und katholischen Priester wurde auch Rabbi Goldmann gefragt, wann denn das menschliche Leben beginne. „Wenn die Kinder aus dem Haus sind und der Hund ist tot, beginnt das wahre Leben“, war seine Antwort. Recht hat er (der Hund lebt zwar noch), denn es ist auch die Zeit, das zu reflektieren und rauszulassen, wozu man lange keine Gelegenheit hatte.

Frankfurt am Main,
im Frühjahr 2016

Dietrich Mebs

Einführung

Die Umwelt ist kein Paradies, so lautet der Titel eines Buches von Friedrich L. Boschke, das 1986 erschien und von den Gefahren handelt, denen der Mensch in seiner Umwelt ausgesetzt ist[1]. Was die Natur den Menschen auf der Erde vorgegeben hat und wie vehement sie in das Umweltgeschehen eingreift, wird immer wieder deutlich; verglichen damit soll die menschliche Tätigkeit nur einen vergleichsweise bescheidenen Einfluss auf die Umweltentwicklung haben.

Inzwischen sind 30 Jahre vergangen und Umweltkatastrophen, die überwiegend von Menschen verschuldet sind, machen Schlagzeilen. Das Schlagwort „Klimawandel" ist in aller Munde. Durch grobe Fahrlässigkeit beim Umgang mit hochgiftigen Stoffen kommt es zu schwerwiegenden Chemieunfällen, giftiger Abfall wird einfach nur irgendwo abgekippt, das Grundwasser verseucht und die Luft durch schädlichen Rauch und Abgase belastet. Schwere, oftmals chronische Vergiftungen sind die Folgen, unter denen eine wachsende Zahl von Menschen zu leiden hat. Giftige Chemikalien bedrohen nicht nur die Gesundheit, sondern in zunehmendem Maße die Fortpflanzungsfähigkeit von Männern und Frauen, warnen Ärzte. Denn einen angeborenen Schutz vor diesen Giften besitzen wir nicht.

Als „Newcomer" ist der Mensch erst etwas mehr als zwei Millionen Jahre auf der Erde, ein Wimpernschlag in der Evolution der Organismen. Sich an eine giftige Umwelt anzupassen, dazu ist diese Zeitspanne zu kurz. Kultur und Gesellschaft sind zwar in einem permanenten Wandel begriffen, doch findet hier nicht wie in der Natur eine ständige Auslese statt, bei der nur überlebt und sich fortpflanzt, wer am besten eine giftige Umwelt erträgt. So sind wir darauf angewiesen, Gifte zu vermeiden oder mit ihnen wenigstens vorsichtig umzugehen.

Pflanzen und Tiere sind da besser dran. Pflanzen haben ein riesiges Arsenal von Giftstoffen entwickelt, mit dem sie sich gegen ihre Fressfeinde recht erfolgreich wehren, denn sonst wäre ihre enorme Artenvielfalt kaum zu erklären. Tiere stehen dem nicht nach und setzen Gifte nicht nur zu ihrer Verteidigung, sondern auch zum Beuteerwerb ein. Vertreter fast aller Tierklassen produzieren eine Fülle von Stoffen, die alles an Toxizität übertreffen, was der Mensch in seinen Laboratorien jemals synthetisiert hat. So hat sich im Lauf der Evolution mit der Biodiversität bei Pflanzen und Tieren auch eine enorme Diversität von Naturstoffen ausgebildet.

Sind schon die giftigen Naturstoffe allein ein faszinierendes Kapitel, so ist es mindestens ebenso spannend, der Frage nachzugehen, wie Tiere mit ihren eigenen Giften zurechtkommen, ohne sich selbst zu vergiften, und zum anderen, wie sie es fertigbringen, auch eigentlich hochgiftige Pflanzen als Nahrungsquellen zu erschließen, ohne Schaden zu nehmen. Darüber hinaus begegnen sie in ihrem Lebensraum potenziellen Fressfeinden, die Gifte einsetzen. Mit vielfältigen Strategien unterlaufen sie deren Aggressivität, tarnen sich und täuschen vor, keine geeignete Beute zu sein. Viele drehen sogar den Spieß um und werden selbst zu Angreifern.

Resistenz diesen Giften gegenüber ist ein Überlebensfaktor, der oft darauf beruht, dass Mutationen im Erbgut Veränderungen in oft nur geringem Umfang an Zellen und Organen, an Nerv und Muskel bewirkt haben und dass Gifte deshalb dort nicht mehr angreifen können. Was sich auf diese Weise bewährt hat, wird an die nachkommenden Generationen weitergegeben und schützt sie.

Leben mit Gift ist ein Thema, das mindestens genauso wichtig ist wie beispielsweise die Anpassung an unterschiedliche klimatische Bedingungen oder an eine spezielle Umwelt, etwa das Leben unter der Erde, in extremen Höhen oder in den Tiefen der Meere. Die in diesem Buch geschilderten Beispiele sollen zeigen, wie sich ein Leben mit Gift in der Natur gestaltet, welche Voraussetzungen notwendig sind, dieses Gift ohne Gefahr für Leib und Leben zu bewältigen. Aber Vieles gibt uns noch Rätsel auf und bedarf weiterer intensiver Forschung.

Einer meiner Professoren gab uns Studenten mit auf den Weg: „Denkt immer daran, ein guter Naturforscher ist der, der sich rechtzeitig wundert." So werden wir uns weiter wundern, was uns die Natur zum Leben mit Gift an Überraschungen bereithält.

Gift, Toxin, Gifttiere, Giftpflanzen – Klärung der Begriffe

Wenn man einem Engländer ein „gift" überreicht, ist er meist hocherfreut, denn er erhält ein „Geschenk". Im Deutschen hat der Begriff „Gift" allerdings eine andere Bedeutung, obwohl er im Mittelhochdeutschen ebenfalls für „Geschenk und Gabe" benutzt wurde. Im Brautpreis, der „Mitgift", ist diese positive Bezeichnung noch erhalten. Der Bedeutungswandel hat sich schleichend vollzogen, wobei das griechisch-lateinische Wort „dosis" für Gabe, Geschenk auch eine gewisse Menge Arznei beinhaltet, die eine tödliche, d.h. giftige Gabe sein kann.

Doch was ist giftig und ungiftig? Theophrastus Bombastus von Hohenheim, eher bekannt als Paracelsus (1493–1541), hat ein bleibendes Verdienst, dies in seinen *Sieben Defensiones* definiert zu haben:

> Was ist, das nit Gift ist? Alle Ding sind Gift und nichts ist ohn Gift. Allein die Dosis macht, dass ein Ding kein Gift ist.

So wird selbst Kochsalz, der lebenswichtigste Mineralstoff des Menschen, plötzlich zum Gift, wenn es im Übermaß aufgenommen wird. Der Schiffbrüchige, der in seiner Not Meerwasser (3- bis 4-prozentige Kochsalzlösung) trinkt, dehydriert rasch und stirbt an Herz-Kreislauf-Versagen. Auch die meisten Arzneimittel sind giftig, wenn man die vorgeschriebene Dosis zu ihrer Anwendung überschreitet. Digitoxin aus dem Fingerhut (*Digitalis purpurea*) ist für den herzkranken alten Menschen oft die letzte Rettung. Doch ist die therapeutische Breite des Medikaments sehr eng, so dass es individuell dosiert werden muss, denn zu viel davon führt zu Herzrhythmusstörungen und Herzstillstand.

Von einem Toxin spricht man, wenn es sich um eine definierte Substanz natürlichen Ursprungs handelt wie das erwähnte Digitoxin. Die meisten Gifte, die Pflanzen und Tiere bilden, sind ein Gemisch aus Toxinen. Schlangengift besteht beispielsweise aus toxischen Peptiden und Proteinen, Krötengift aus biogenen Aminen, Steroiden und Alkaloiden. Die Giftigkeit, die Toxizität eines Stoffes, lässt sich nur am lebenden Organismus, an Versuchstieren wie Mäusen, in manchen (wenigen) Fällen auch an isolierten Zellen messen. Als Maßeinheit gilt die LD_{50}, die Dosis, bei der 50 % der Versuchstiere sterben bzw. überleben. Die Bestimmung der Toxizität einer Substanz ist zwingender Bestandteil jeder Arzneimittel-Entwicklung, will man später nicht das Risiko einer Vergiftung beim Menschen eingehen. Daran sollten Tierversuchsgegner denken, wenn sie nicht auf die medikamentöse Behandlung ihrer Tumorerkrankung verzichten, gleichzeitig aber ein Verbot von Tierversuchen durchsetzen wollen. So scheitert oft ein vielversprechendes neues Medikament allein an dieser Hürde, und eine teure Entwicklung findet ihr Ende, bevor es noch in der nächsten Stufe zu Versuchen am Menschen kommt.

Was sind nun Gifttiere? Man teilt sie in zwei Gruppen ein: aktiv und passiv giftige Tiere. Die erste Gruppe produziert in einer Drüse ihr Gift, das mittels eines Werkzeugs, eines Stachels oder Zahns, in den Körper eines anderen Organismus eingebracht wird. Nur so gelangt es in dessen Kreislauf, wird im Körper verteilt und entfaltet dort seine Wirkung. Passiv giftige Tiere haben keinen speziellen Giftapparat. Ihr Gift, in Drüsen produziert oder über die Nahrungskette aufgenommen und in ihrem Körper gespeichert, muss über den Verdauungskanal aufgenommen werden und kommt erst dann zur Wirkung[2].

Was versteht man unter Giftpflanzen? Eigentlich ist die Definition im Wesentlichen wieder auf den Menschen bezogen: Wenn er eine Pflanze isst und anschließend vergiftet ist, wird die Pflanze als Giftpflanze eingestuft. Ursächlich für eine Vergiftung sind hierbei die zahlreichen Verbindungen, die Pflanzen als sekundäre Stoffwechselprodukte herstellen[3]. Was für den Menschen giftig ist, kann für manche Tiere durchaus bekömmlich sein. Dies wird anhand von Beispielen in diesem Buch gezeigt.

Woraus bestehen Gifte?

Der Biodiversität von Pflanzen und Tieren steht die Vielfalt chemischer Verbindungen, die sie synthetisieren, keineswegs nach. Grundsätzlich lassen sich die giftigen Stoffe darunter in zwei Gruppen einteilen:

1. Kleinmolekulare toxische Verbindungen, deren Molekülmasse 1000 Daltons nur selten überschreitet. Hierzu zählen die in den folgenden Kapiteln abgehandelten wie Ameisen- oder Essigsäure, auch die Blausäure, die in gebundener Form vorliegt und erst bei Bedarf freigesetzt wird, Alkaloide wie Nikotin, Koffein und Batrachotoxin, Steroidglykoside wie die Cardenolide Digitoxin und Ouabain, aber auch die Bufadienolide im Krötengift. Sie werden über komplizierte Stoffwechselwege synthetisiert. Was beispielsweise die Alkaloide betrifft, so sind Pflanzen mit bisher mehr als 12 000 entdeckten Verbindungen besonders erfindungsreich.
2. Große Moleküle mit meist über 1000 Dalton Molekülmasse wie Peptide und Proteine. Sie sind Produkte der klassischen Proteinsynthese und in ihrer Struktur, der Abfolge ihrer Aminosäuren, außerordentlich variabel. Mit 20 Aminosäuren lässt sich eine schier unermessliche Zahl an Proteinen und Peptiden bilden. Selten nur treten sie allein in einem Gift auf, vielmehr sind sie Bestandteil eines komplexen Gemisches unterschiedlicher Peptide und Proteine. Gifte von Skorpionen bestehen aus einer Vielzahl toxischer Peptide, Schlangengifte enthalten neben Peptiden hoch aktive Enzyme. Kaum ein Gift gleicht einem anderen. Die Sequenz der einzelnen Aminosäuren bestimmt beispielsweise in einem Peptid seine Affinität zu Ionenkanälen und Rezeptoren im Nervensystem, sie ist entscheidend dafür, welche blockiert oder aktiviert werden. Enzyme in Giften besitzen überwiegend hydrolytische Eigenschaften und sind ur-

sprünglich für die Verdauung vorgesehen. In Schlangengiften entfalten sie jedoch toxische Aktivitäten. Proteasen zerstören Gefäße und Gewebe und greifen störend in die Blutgerinnung ein; Phospholipide spaltende Enzyme, Phospholipasen A_2, werden zu Neurotoxinen und blockieren die Erregungsübertragung der Nervenzellen.

Von beiden Gruppen kennen wir nur einen Bruchteil von dem, was die Natur an giftigen Stoffen bereithält. Die Evolution sorgt darüber hinaus dafür, dass ein steter Wandel stattfindet, lässt neue, aktivere Wirkstoffe entstehen und sondert andere, wenig optimierte aus. In der Tat spannende Zeiten für den Toxinforscher.

Nacht und Nebel – niemand gleich!

So erklärt Alberich in Richard Wagners *Das Rheingold* die Funktion seines Tarnhelms und, nachdem er seinen Bruder Mime, den Konstrukteur des Helms, vermöbelt und die Nibelungen in Angst und Schrecken versetzt hat, fährt er fort:

> Schnell mich zu wandeln, nach meinem Wunsch die Gestalt zu tauschen, taugt der Helm. Niemand sieht mich, wenn er mich sucht, doch überall bin ich, geborgen dem Blick.

Tarnhelm und Tarnkappe, Täuschen und Tarnen bewähren sich auch im Tierreich. Ähnlich wie Alberich schlüpfen Tiere unter einen Tarnhelm und vermeiden damit, Opfer einer tödlichen Giftattacke zu werden, sie erwerben damit sogar Schutz und Geborgenheit.

Findet Nemo!

Dieser Film hat Clownfische über Nacht berühmt gemacht. Zoohandlungen wurden mit Anfragen nach diesem Fisch überhäuft, in der irrigen Annahme, man könne „Nemo" wie Guppys, Neonfische und Skalare im Süßwasser-Aquarium halten. Öffentliche Schauaquarien beeilten sich, ausreichend „Nemos" zu beschaffen. Länder wie die Philippinen, die zu den Haupt-Exporteuren von marinen Fischen zählen, verzeichneten eine ungeahnte Nachfrage. Doch nicht nur ihre Buntheit macht Clownfische attraktiv. Ihr Lebensraum im Korallenriff sind Seeanemonen, in deren Tentakelgewirr sie sich zurückziehen, was ihnen den bekannteren Namen Anemonenfische einbrachte. Andere Fische werden augenblicklich genesselt und von der Seeanemone verzehrt, nicht jedoch die Anemonenfische. Es besteht offenbar eine enge Beziehung zwischen dem Fisch und der Seeanemone, eine Symbiose, bei der beide Partner profitieren. Die Seeanemone erhält über die Ausscheidungsprodukte des Fisches Schwefel und Phosphor, sie wird vom Fisch von Parasiten befreit, mitunter sogar von ihm verteidigt. Seeanemonen sollen schneller wachsen, wenn sie von Anemonenfischen bewohnt werden, als bei deren Abwesenheit. Andererseits finden der Fisch und sein Nachwuchs Schutz zwischen den Tentakeln der Seeanemone[4] (▸ Abb. 1). Doch wie vermeidet er es, tödlich genesselt zu werden?

Die Lagune von Madang an der Nordküste von Papua-Neuguinea ist ein noch weitgehend intakter, von Korallenriffen eingeschlossener Lebensraum, ein „Hotspot" der Artenvielfalt. Dort haben wir in den 90er Jahren am damaligen Christensen Research Institute, das von einer amerikanischen Stiftung gegründet und lange Jahre unterhalten wurde, regelmäßig einige Wochen verbracht. Es ermöglichte uns, Volkmar Lehnen (er hat mir das Tauchen beigebracht) und mir, u. a. Untersuchungen zur Symbiose der Anemonenfische mit ihrer Seeanemone durchzuführen[5, 6].

In der Lagune gibt es mindestens drei Arten Anemonenfische: *Amphiprion percula*, *Amphiprion perideraion* und *Amphiprion clarkii*, die mit drei Seeanemonen assoziiert sind: *Heteractis magnifica*, *Heteractis crispa* und *Entacmaea quadricolor*. Vor allem um die kleine Insel Wongad in der Lagune waren die Seeanemonen mit ihren Bewohnern reichlich vertreten, jeweils auch mit unterschiedlicher Fischbesetzung. Sie ließen sich leicht sammeln und wir setzten sie in große Rundbecken mit durchfließendem Meerwasser. Schnell stellten wir fest, dass die Anemonenfische, stellt man sie vor die Wahl, nur eine Seeanemonen-Art, selten zwei bevorzugten. So wählt *Amphiprion perideraion* beispielsweise *Heteractis magnifica*, oder *Amphiprion clarkii Heteractis crispa*.

Seeanemonen verfügen über zwei Verteidigungsstrategien. Sie injizieren mit Nesselzellen, den sogenannten Nematocysten, in ihren Tentakeln hochwirksame Toxine, mit denen sie ihre Beute augenblicklich lähmen und Feinde schmerzhaft nesseln. Zum andern überziehen sie ihren Körper mit einer Schleimhülle, die Proteine enthält, welche Zellmembranen durchlöchern, Poren bilden und damit zum Untergang der Zelle führen. Dies wirkt abschreckend, denn wenn ein Fisch mit der Schleimschicht in Kontakt kommt, lässt er schnell davon ab, in die Seeanemone hineinzubeißen. Selbst wenn sie ihre Tentakel eingezogen hat, ist sie nicht wehrlos.

Diese Toxine aus der Schleimhülle von zwei Seeanemonen, *Heteractis magnifica* und *Entacmaea quadricolor*, hatten wir isoliert. Es handelt sich dabei um Proteine mit einer Molekülmasse von ca. 20 000 Daltons, mit denen wir Lösungen in einer Verdünnungsreihe herstellten, in die wir zunächst Preußenfische (*Dascyllus aruanus*) mit ähnlicher Größe wie die Anemonenfische setzten. Diese starben innerhalb von 15 Minuten bei der niedrigsten Verdünnung (weniger als 0,5 mg Toxin pro L), offenbar als Folge von Gewebeschäden am Epithel der Kiemen. Hingegen überlebte der Anemonenfisch *Amphiprion percula* problemlos selbst hohe Konzentrationen des Toxins (10 mg/L) der Seeanemone *Heteractis magnifica*, in der er sich meist aufhält. Die Zellmembranen seines Kiemenepithels sind offenbar besonders geschützt. Man nimmt an, dass sie die Toxine an ihrer Oberfläche abfangen, bevor sie die Membran zerstören können.

Andere Anemonenfische reagieren allerdings hochempfindlich auf Toxine, die nicht ihrer Seeanemone entstammen. *Amphiprion clarkii* beispielsweise ist mit *Heteractis crispa* assoziiert und überlebt nicht in Wasser, das das Toxin aus *Heteractis magnifica* enthält. Vielleicht beruht die Resistenz den Toxinen gegenüber darauf, dass der Fisch eine Immunität diesen gegenüber erworben hat.

Allerdings muss ein Anemonenfisch auch die zweite Verteidigungsstrategie der Seeanemone überwinden, will er inmitten ihrer Tentakel überleben und nicht von ihren Nesselzellen eine tödliche Ladung Gift abbekommen. Denn andere Fische wie die erwähnten Preußenfische werden sofort genesselt und anschließend verzehrt. Nicht so der Anemonenfisch, der bei Gefahr sogar völlig im Tentakelkranz verschwindet, demnach also engsten Kontakt mit dessen Nesselzellen hat. Ein einfacher Versuch beweist, dass den Fisch eine dünne Schicht Schleim schützt, die seine Schuppen überzieht. Entfernt man mit einem Wattestäbchen einen Teil seiner Schleimschicht und bringt ihn in Kontakt mit der Seeanemone, wird er sofort genesselt. Ist dieser Schutzschirm nun angeboren oder erworben? Hier gehen die Meinungen auseinander.

Dietrich Schlichter[7] wies nach, dass der Fisch sich mit dem Schleim der Seeanemone oder Substanzen daraus maskiert, sich somit eine Tarnkappe zulegt. Diese übernimmt er während einer sogenannten Akklimatisierungsphase, in der er sich an der Fußscheibe der Seeanemone aufhält und jeglichen Kontakt mit den Tentakeln vermeidet. Andere Autoren gehen eher davon aus, dass der Fisch, beispielsweise *Amphiprion clarkii*, seine Schleimschicht selbst produziert[8] und allenfalls etwas von der Seeanemone in seinen Körperschutz miteinfügt. Bei allen Möglichkeiten, erworben oder selbst produziert, zeichnen sich Anemonenfische mit ihrem Schutzschirm dadurch aus, dass sie die Nesselzellen an der Entladung ihrer Nesselkapseln hindern. Sie täuschen der Seeanemone offenbar vor, sie seien Teil ihrer selbst.

Nemos Nachfolger

Nicht nur Fische leben in Symbiose mit Seeanemonen, sondern auch eine Reihe von Krebsen wie einige Garnelen (*Periclimenes*-Arten), Anemonen- (*Neopetrolisthes*-Arten, ▸Abb. 2), Gespenster- (*Inachus*, *Stenorhynchus*-Arten) oder Spinnenkrabben (*Mithraculus*-Arten). Dies lässt sich besonders gut in der Karibik beobachten, wo es keine Anemonenfische gibt (diese sind auf das Rote Meer, den Indopazifik und Pazifischen Ozean beschränkt) und ihr Platz von Krebsen eingenommen wird.

So schickten wir Christoph Giese nach Jamaika, wo er für seine Diplomarbeit die Krebs-Seeanemonen Symbiose untersuchen sollte[9]. Er fand heraus, dass Krebse generell, ob sie nun mit Seeanemonen assoziiert sind oder nicht, selbst in Toxinlösungen von 100 mg/L problemlos überlebten. Dies beruht im Wesentlichen darauf, dass ihr Kiemenepithel durch eine Chitinschicht geschützt ist, die für die Toxine nicht durchlässig ist (Chitin bildet den Hauptbestandteil des Außenskeletts von Gliederfüßern, zu denen Krebstiere, Insekten etc. gehören). Auch andere Porenbildner wie Gramicidin, ein Peptid-Antibiotikum, zeigen bei den Krebsen keine Wirkung. Werden die Toxine allerdings in die Bauchhöhle der Krebse injiziert, so führen selbst sehr geringe Konzentrationen (weniger als 0,5 µg) zum sofortigen Tod.

Doch auch die Krebse schützen sich mit einem Schleimmantel vor dem Nesseln durch die Seeanemone. Reibt man diesen mit einem Wattestäbchen ab, so werden sie augenblicklich genesselt und verzehrt. Auch wenn sie in eine andere Seeanemonenart gesetzt werden, der sie nicht entstammen, hat dies für die Krebse fatale Folgen. Gibt man allerdings einem Krebs die Chance, sich der neuen Umgebung anzupassen, indem er sich eine Weile an der Fußscheibe der Seeanemone aufhält, so ist er nach ca. 30 Minuten unbeschadet zwischen den Tentakeln zu finden. Auch er täuscht die Seeanemone, indem er ihren Schleim als Tarnkappe benutzt.

Seeanemonen können durchaus ohne Symbiosepartner existieren, nicht jedoch die Anemonenfische, die bald Räubern zum Opfer fallen, wenn man ihnen die Seeanemone wegnimmt. Ganz ohne Fische scheint aber auch die Seeanemone nicht auszukommen. Denn sie scheidet Substanzen wie Tryptamin, Tyramin, Aplysinopsin und Amphikuemin aus, die selbst in großer Verdünnung die Fische anlocken[10].

Tödliche Schönheiten

Wie Thomas Heeger[11] bemerkte, sind Lebensgemeinschaften von Fischen mit Quallen, die meist mit besonders vielen Nesselzellen ausgerüstet sind, keineswegs eine Symbiose. Selbst bei der Portugiesischen Galeere (*Physalia physalis*), die mit ihrer gasgefüllten Blase an der Wasseroberfläche im Wind treibt, schwimmen zwischen den langen Tentakeln Preußenfische (*Nomeus gronovii*), bei der Feuerqualle (*Cyanea capillata*) kleine Wittlinge (*Merlangius merlangus*) umher. Zwar finden sie Schutz unter dem Schirm oder zwischen den Tentakeln der Qualle, fressen gelegentlich deren Beute oder sogar Teile der Qualle selbst. Allerdings fehlt ihnen ein Schutzfilm, wie ihn die Anemonenfische besitzen. Es ist für sie also hochriskant, sich zwischen den mit Tausenden von Nesselzellen bewehrten Tentakeln zu bewegen. Sie verdanken es im Wesentlichen ihren Schwimmkünsten, nicht genesselt zu werden. Gelegentlich jedoch, vielleicht durch Ungeschick oder Unaufmerksamkeit, geraten sie gegen die Mundarme oder Tentakeln der Qualle, werden augenblicklich genesselt und enden als Beute in deren Verdauungskanal.

Es geht auch ohne Schneckenhaus

Das friedliche Miteinander von Fisch, Krebs und Seeanemone beruht also darauf, die Nematocysten ihres Partners am Entladen zu hindern. Einen ähnlichen Weg gehen Nacktkiemerschnecken der Unterordnung Aeolidaceae – Fadenschnecken, die sich bevorzugt von Nesseltieren wie Seeanemonen, Hydrozoenpolypen und selbst Quallen ernähren. Auch sie müssen zusehen, dass sie nicht genesselt werden, wenn sie sich ihrer Beute bemächtigen. Sie schützen sich ebenfalls mit einer Schleimschicht, die sie aber nicht von ihrer Beute, etwa einer Seeanemone übernehmen, sondern die sie selbst produzieren. Oftmals wirkt sie nur bei dem bevorzugten Beutetier der Schnecke[12]. Die während des Verzehrs aufgenommenen, jedoch nicht entladenen Nematocysten passieren den Verdauungstrakt und gelangen schließlich in dessen sackförmige Ausstülpungen, die in die zahlreichen Papillen (Cerata) auf dem Rücken der Schnecke hineinreichen. Dort werden sie, nunmehr als Kleptokniden bezeichnet („geklaute Nesselkapseln“), von speziellen Zellen an der Spitze der Cerata aufgenommen und gespeichert. Der Schleim scheint sie auch während der Darmpassage am Entladen zu hindern.

Fadenschnecken haben sich damit nicht nur eine exklusive Nahrungsquelle erschlossen, sie nutzen die Kleptokniden auch zur Verteidigung. Ein Angreifer wird beim Kontakt mit den Cerata empfindlich durch die sich entladenden Kleptokniden genesselt und dadurch abgeschreckt[13]. Es gibt sogar Hinweise darauf, dass Fadenschnecken ihr Arsenal wiederholt auffüllen, indem sie vermehrt Hydroiden verzehren, wenn sie einem höheren Druck von Feinden wie Fischen und Seesternen ausgesetzt sind[14] (▸ Abb. 3).

Andere Nacktkiemerschnecken nutzen ihre Beute zu ähnlichen Zwecken, wenn sie Schwämme, Moostierchen (Bryozoen) oder Manteltiere (Tunicaten) abgrasen. Gerade Schwämme enthalten eine Vielzahl von Naturstoffen, mit denen sie sich vor der Besiedlung durch Mikroorganismen, dem Überwachsen durch Platzkonkurrenten wie andere Schwämme, Bryozoen und Korallen schützen oder damit Feinde wie Fische abschrecken. Größtenteils synthetisieren sie diese Stoffe nicht einmal selbst, sondern übernehmen sie von Algen und Bakterien, die sie im Gerüst zwischen den Zellen, dem Mesohyl, beherbergen. Die Schnecken nehmen zum Teil hochgiftige Stoffe auf, wenn sie die Oberfläche eines Schwammes abraspeln. Diese speichern sie in ihren Cerata oder geben sie über Drüsenzellen vorwiegend auf dem Rücken in die Schleimschicht ab, mit der sie ihren Körper überziehen. Mitunter lässt sich sogar feststellen, dass sie von den zahlreichen Inhaltsstoffen ihrer Nahrung nur ein oder zwei Stoffe speichern, während andere entweder chemisch verändert und damit entgiftet oder unverändert ausgeschieden werden[15]. Wie im Detail die Nacktkiemerschnecken dies bewerkstelligen, ist weitgehend unbekannt. Vielleicht will die Schnecke mit deren Einlagerung in den Schleimmantel oder in entfernte Körperanhänge die für sie keineswegs harmlosen Substanzen einfach nur loswerden.

Der Verzicht auf ein schützendes Schneckenhaus, welches sie im Lauf der Evolution aufgegeben haben, müssen die Schnecken durch eine neue Abwehrstrategie, eben durch Kleptokniden oder toxische Naturstoffe, kompensieren. Nacktkiemerschnecken zählen zu den farbenprächtigsten Erscheinungen im Korallenriff, was es potenziellen Fressfeinden erleichtert, aus unangenehmen Begegnungen zu lernen und von einem Angriff abzulassen[16].

Das seltsame Leben der Bläulingsraupen

Dies ist der Titel eines Kapitels im Buch von Dieter Matthes[17], in dem er die enge Beziehung einer Schmetterlings-Raupe mit Ameisen beschreibt.

Normalerweise gehören Raupen zum Beutespektrum von Ameisen; sie werden sofort durch Stich oder Biss getötet und ins Nest geschleppt. Eine Ausnahme bilden jedoch die Raupen von Bläulingen aus der Familie Lycaenidae, Schmetterlinge mit meist blau gefärbten Flügeln der Männchen. Ameisen betasten und betrommeln deren Raupen mit ihren Fühlern, worauf diese einen leicht süßlichen Saft, dem Honigtau ähnlich, aus Drüsen auf dem Rücken austreten lassen, den die Ameisen begierig aufnehmen; eine Methode der Raupen, diese von aggressivem Verhalten abzuhalten. Als Gegenleistung bewachen und schützen die Ameisen die Raupe vor Feinden und Parasiten (▸ Abb. 4).

Doch nicht immer spielt sich diese Symbiose zwischen Ameise und Raupe in einem harmlosen Rahmen ab. So sucht die Raupe des Schwarzgefleckten Bläulings (*Maculinea arion*), nachdem sie sich schon kannibalistisch über ihre Geschwister hergemacht hat, geradezu nach Ameisen, denen sie ihr Sekret aus den Dorsaldrüsen anbietet – ein willkommenes Geschenk für die Ameise. Doch plötzlich nimmt die Raupe eine merkwürdige Haltung ein: Sie lässt die Brustabschnitte stark anschwellen. Das veranlasst die Ameise, sie zu ergreifen und in ihr Nest zu transportieren. Hier entwickelt sich die zuvor pflanzenfressende Raupe zu einem rabiaten Räuber, der sich fortan von der Ameisenbrut ernährt und sich anschließend auch noch im Nest verpuppt[18]. Der ausschlüpfende Falter gelangt im nächsten Frühjahr sogar unbehelligt ins Freie.

Wählerische Ameisenfreunde

Myrmekophilie, Ameisenfreundschaft, wie man diese Beziehung nennt, zeichnet etwa 75 % der weltweit mehr als 6000 Bläulingsarten aus. Meist besteht sogar ein enges Verhältnis zu einer bestimmten Ameisenart oder -gattung, ohne die sie ihren Entwicklungszyklus nicht vollenden können, da sie sonst Opfer ihrer Feinde oder Parasiten werden. So sind ca. 30 % der Bläulinge mit nur einer Ameisenart assoziiert und damit von dieser abhängig[19, 20].

Die Raupe „besticht" also mit ihrem nahrhaften Drüsensekret ihren Partner, um Schutz zu gewinnen. Beide profitieren von dieser symbiontischen Beziehung. Mitunter aber bringt die Ameise einen Gast in ihr Nest, der sich ähnlich wie ein Kuckuck auf Kosten der Brut ernähren lässt oder sich sogar von der Brut selbst ernährt. Dieser Gast lockt nicht nur durch das Drüsensekret die Ameise an, es muss noch mehr hinzukommen, damit er als Parasit im Ameisennest bestehen kann. Chemische Tarnung ist hierbei ein wirksames Mittel. Die Raupe trägt auf ihrer Cuticula, der Körperhülle, einen dünnen Film aus Kohlenwasserstoff-Verbindungen, der dem der Ameisen-Larven in seiner Zusammensetzung sehr ähnlich ist[21]. Dies signalisiert der Ameise, dass die Raupe mit ihrer Brut identisch ist; das führt dazu, dass sie gefüttert wird, aber auch dazu, dass sie ungestört die Brut verzehren kann.

Der Wendehalsfrosch

Es ist in der Tat eine aufregende Entdeckung: ein Frosch, der unbehelligt unter äußerst aggressiven Ameisen lebt. Dies berichtet Mark-Oliver Rödel, Kurator am Museum für Naturkunde in Berlin:

> Einer meiner Lieblingsfrösche ist der Rote Wendehalsfrosch, *Phrynomantis microps*, der in den westafrikanischen Savannen zu Hause ist. Im Comoé-Nationalpark im Norden der Elfenbeinküste, dem größten Schutzgebiet Westafrikas, teilt er sich mit über 30 anderen Frosch- und Krötenarten die verschiedenen Lebensräume wie laubwerfende Wälder und dichte, regenwaldähnliche Galeriewälder. In ganz Deutschland sind es gerade mal 21 Amphibienarten. Auch wenn meine späteren Forschungsthemen einen anderen Fokus hatten, habe ich die eleganten Frösche mit den langen Beinen, lackschwarzen Flanken und dem roten Rücken nicht aus den Augen gelassen, bot ihre Biologie doch immer wieder Überraschendes. Trotzdem war ich eher skeptisch als mich ein Kollege, Ulrich Braun, im März 1995 in meiner Hütte im Galeriewald besuchte und mir erzählte, er habe den Frosch in Ameisennestern gefunden (▸Abb. 5).
>
> Uli bearbeitete als Thema seiner Doktorarbeit die Biologie zweier großer afrikanischer Ameisenarten: *Megaponera foetens* und *Paltothyreus tarsatus*. Beide Arten sind um die 2 cm lang, bilden Kolonien mit mehreren 10 000 Tieren und können höllisch schmerzhaft stechen! Eine der Arten, die Afrikanische Stinkameise (*Paltothyreus tarsatus*), macht ihrem Namen auch noch alle Ehre damit, dass sie einen äußerst unangenehmen Geruch nach Schwefelwasserstoff verbreitet. So erschien es sehr unwahrscheinlich, dass ausgerechnet in den Nestern dieser aggressiven und wehrhaften Ameisen ein eher fragil wirkender Frosch leben sollte, zumal ich wusste, dass die Stinkameisen durchaus Frösche töten und fressen. Da Ulli darauf bestand, dass die Frösche nicht zufällig am Rande eines Nestes mit ausgegraben wurden, sondern wirklich aus dessen Zentrum kamen, beschlossen wir die Nester der Ameisen auf Frösche zu untersuchen. Das ist leichter gesagt als getan. Die Nester der Stinkameise haben viele Ausgänge und können problemlos eine Fläche von 10 × 10 m und

mehr abdecken. In die Tiefe geht es oft mehr als 1 m. Also müssen erst einmal alle Ausgänge entdeckt und die Ausdehnung des Nestes damit dokumentiert werden. Dann gräbt man einen 1 m tiefen Graben um diese Fläche und dann muss alles Erdmaterial (und Wurzeln, Bäume, Sträucher ...) dazwischen entfernt werden. Das Ganze findet bei über 30 °C, hoher Luftfeuchte und vielen stechenden Tieren (inkl. der Ameisen, deren Stiche schmerzen minutenlang – und man kassiert viele Stiche!) statt. Vom Schwefelgeruch der Ameisen ist einem zudem permanent übel. Der Aufwand lohnte sich allerdings. In diesem und weiteren Nestern fanden wir tatsächlich den Wendehalsfrosch! Gänzlich unbehelligt lief er mitten unter den Ameisen umher. Andere Frösche, die wir einsetzten, wurden hingegen in Sekundenschnelle gestochen und getötet.

Doch wie schafft es der Frosch, in einer derart feindseligen Umgebung zu überleben? Offensichtlich hat es etwas mit seinem Hautsekret zu tun, denn befeuchtet man Termiten, eine Lieblingsbeute der Ameisen, mit Wasser, in dem der Frosch „gebadet" hat, werden sie nicht gestochen und verzehrt.

Als ich von diesen Beobachtungen hörte, fragte ich Mark-Oliver Rödel, damals noch an der Uni Würzburg, ob er denn einen Frosch mitgebracht habe. Selbstverständlich, man habe sogar mehrere gesammelt und die seien jetzt im Labor. Eine Gelegenheit also, das Hautsekret des Wendehalsfrosches zu untersuchen.

Doch wie das Sekret gewinnen, ohne ihn zu töten? Dies ist, wie ich aus Erfahrung mit Gelbbauchunken (*Bombina variegata*) wusste, nicht allzu schwierig: Setzt man eine Unke in einen Becher mit etwas Wasser, schüttelt diesen etwa eine halbe Minute lang (was die Unke zwar ärgert, für sie aber nicht schmerzhaft ist), so fängt das Wasser an zu schäumen, ein Zeichen dafür, dass sie ihr Hautsekret ins Wasser abgegeben hat. Diese Methode klappte auch bei den Wendehalsfröschen. Nach Gefriertrocknung der Wasser-/Sekret-Mischung blieb ein „Hauch" weißer Substanz am Grund des Bechers zurück. Sie sollte das enthalten, was die Ameisen vom Stechen abhält.

Glücklicherweise hatte man im Biologischen Institut in Würzburg sogar eine Kolonie der Stinkameise etabliert. So konnten Rödel und sein Diplomand Christian Brede prüfen, ob die Substanz aktiv ist: in wenig Wasser gelöst, ein Mehlwurm eingetaucht und den Ameisen angeboten – keine

Reaktion. Wird ihnen zur Kontrolle ein unbehandelter Mehlwurm angeboten, wird er sofort gestochen, mit den kräftigen Mandibeln gepackt und fortgeschleppt.

Es gelang uns, aus dem Hautsekret zwei Peptide zu isolieren, die sich im „Mehlwurm-Test" als wirksam erwiesen. Die Peptide bestehen jeweils aus einer Kette von 9 bzw. 11 Aminosäuren, deren Sequenz Philip Favreau in Genf aufklärte[22]. Damit war aber auch unser Material aufgebraucht, so dass wir beschlossen, die beiden Peptide synthetisieren zu lassen. Auch die Syntheseprodukte bestanden den Test.

Um die Peptide nun unter natürlichen Bedingungen auf ihre Schutzwirkung hin zu untersuchen, reiste Rödel erneut in die Savannen der Elfenbeinküste. Mit einheimischen Helfern scheute er sich nicht, Kolonien der Stinkameisen auszugraben – mit den geschilderten, schmerzhaften Begleitumständen – und offerierte diesen Termiten, die mit der jeweiligen Peptidlösung benetzt worden waren. Die Ameisen ließen sie nach kurzem Betasten mit den Fühlern unbehelligt, doch wurden unbehandelte Termiten sofort gestochen und getötet.

Die Haut des Wendehalsfrosches ist offenbar mit einem gleichmäßigen, wenn auch nur dünnen Schutzfilm überzogen, der die Peptide enthält und der als „chemischer Tarnhelm" fungiert. Auch frisch aus Kaulquappen umgewandelte Jungfrösche besitzen schon diesen Schutz.

Was hat der Frosch nun davon, in einem Nest hochaggressiver Ameisen zu wohnen? Natürlich ist er dort gut vor Fressfeinden geschützt, auch kann er hier, kühl und feucht unter der Erde, die lange Trockenzeit von oftmals mehr als einem halben Jahr überstehen. Doch nicht allein der Wendehalsfrosch lebt im Ameisennest. Der Flecken-Rennfrosch (*Kassina senegalensis*) teilt mit ihm das Quartier und wird ebenfalls von den Ameisen geduldet[23]. Ob die beiden auch hin und wieder eine Ameise verschlingen, wissen wir allerdings nicht.

In all diesen Beispielen funktionierte der Tarnhelm perfekt. Der tumbe Siegfried in Wagners *Götterdämmerung* allerdings flog mit seiner Tarnung auf. Er hatte sich in Gunther verwandelt und Brünnhilde den Ring entwunden. Doch als er, wieder zurückverwandelt, ihr begegnete, entdeckte sie den Ring an seiner Hand. Dumm gelaufen – wenig später wurde er zur Strafe von Hagen aufgespießt.

Sei friedlich und tu mir nichts: Appeasement-Politik

Tarnung ist ein Weg, Feinde wie auch die Beute zu täuschen, für sie unsichtbar zu bleiben oder vorzugaukeln, man sei einer von ihnen. Parasiten sind darin Meister, wenn sie beispielsweise in einen Bienenstock eindringen und dort, wie geschildert, sich des Honigs oder gar der Brut bemächtigen. Auch Ameisenkolonien leiden unter solchen Eindringlingen. Diese „Sozialparasiten" (im allgemeinen Sprachgebrauch inzwischen ein Unwort) bringen es fertig, den Artgeruch der betreffenden Kolonie so perfekt anzunehmen, dass sie als Artgenossen wahrgenommen werden und man sie gewähren lässt. Ein kompliziertes Zusammenspiel chemischer Erkennungssignale macht dies möglich, wobei Kohlenwasserstoffe als dünner Film auf der Cuticula hierbei eine besondere Rolle spielen. Im weitesten Sinne ist dies eine „chemische Mimikry", die aggressives Verhalten gegenüber dem Eindringling verhindert[24]. Denn ist er als Fremdling erkannt, wird er massiv bekämpft, was in der Regel mit seinem Tod endet.

Der Totenkopfschwärmer (*Acherontia atropos*) wendet diesen Trick an. Er dringt in Bienenstöcke ein und bedient sich hier am gespeicherten Honig. Die Wächter am Eingang des Bienenstockes lassen ihn ungehindert passieren. Auch im Stock selbst fällt er nicht weiter auf und bleibt unbehelligt. Die Tarnkappe, die ihn vor Attacken der Bienen schützt, ist wiederum dem Film aus Fettsäuren wie Palmitin-, Stearin- und Ölsäure zu verdanken, der dem der Bienen ähnelt; diese halten den Schwärmer daher für einen der Ihren[25]. In dieser Hinsicht ist der Totenkopfschwärmer, der etwas Honig saugt, weiter keinen Schaden anrichtet und wieder geht, ein vergleichsweise harmloser Eindringling (▸ Abb. 6).

Mit Duft besänftigt

Die Methode, sich als sogenannter Sozialparasit vor den Aggressionen des Partners zu schützen, ist bei Insekten keineswegs selten[26]. Beispielsweise dringt eine Wespe (Gattung *Orasema*) in das Nest von Feuerameisen (*Solenopsis invicta*) ein, maskiert sich mit deren Duft, den sie auf ihrer Körperoberfläche mit sich trägt, und täuscht damit die ansonsten sehr aggressiven Ameisen. Ihre Larven ernähren sich unbehelligt von der Brut der Ameisen[27]. Bei Blattläusen signalisieren bestimmte chemische Komponenten in der Wachsschicht der Cuticula den Ameisen, dass es sich für sie lohnt, diese wegen der Honigtau-Ausscheidungen zu „melken", sie aber auch vor Fressfeinden zu schützen. Doch Raupen eines Bläulings (*Feniseca tarquin-*

tus), ein Netzflügler (*Chrysopa slossonae*) oder eine Schwebfliege (*Syrphus ribesii*) passen sich mit dem Muster der Kohlenwasserstoffe in ihrem Cuticula-Film dem der Blattläuse an, je mehr sie von diesen verzehren. Damit schlüpfen sie unter einen Tarnhelm, der sie vor der Aggression der Ameisen schützt, während sie sich über die Blattläuse hermachen[28].

Einen anderen Weg beschreiten stachellose Bienen (*Tetragonilla collina*) im Regenwald von Borneo. Sie bauen ihre Nester oftmals Seite an Seite mit Bienen sogar anderer Arten, ohne dass es zu Auseinandersetzungen mit den Nachbarn kommt. Als Nestmaterial benutzen sie das Harz der Bäume, mit dem sie gleichzeitig eine Vielzahl von Chemikalien erwerben. Bei den mehr als 1100 Substanzen, die man im Harz nachgewiesen hat, handelt es sich überwiegend um Terpen-Verbindungen, von denen sich allein 83 auf der Cuticula der Bienen wiederfinden[29]. Offenbar sind sie dafür verantwortlich, dass verschiedene Arten problemlos nebeneinander existieren können. Einige dieser Substanzen, Sesquiterpene, sorgen als sogenannte „Appeasement"-Signale dafür, dass die Nachbarn besänftigt werden und es zu keinen Aggressionshandlungen kommt[30].

Probiose nennt man das Zusammenleben, die Vergesellschaftung von Organismen unterschiedlicher Arten, ohne dass einem der Beteiligten daraus ein besonderer Vorteil erwächst; im Gegensatz zur Symbiose, bei der das Zusammenleben beiderseits vorteilhaft ist und jeder in irgendeiner Form vom andern profitiert. Eine solche probiotische Beziehung wurde bei Ameisen in Borneo beobachtet. Sie gehören sogar verschiedenen Ameisen-Unterfamilien an: *Camponotus rufifemur* ist ein Vertreter der Schuppenameisen (Formicinae), *Crematogaster modiglianii* zählt zu den Knotenameisen (Myrmicinae). Beide leben friedlich nebeneinander im gleichen Nest. Obwohl ihr Beutespektrum gleich ist und sie eigentlich miteinander um Nahrung konkurrieren, kommt es zu keinen Auseinandersetzungen. Auch ihre Brut zieht jeder separat auf. Dass die kleinere *Crematogaster*-Ameise vom mehr als doppelt so großen *Camponotus*-Mitbewohner toleriert wird, ist ebenfalls auf ein Appeasement-Signal zurückzuführen. In der Cuticula von *Crematogaster* wurde eine Substanz identifiziert, eine neuartige organische Verbindung, die als Crematoenon bezeichnet wird und eine Schlüsselrolle spielt. *Crematogaster*-Ameisen, selbst solche aus einer anderen Kolonie, bleiben unbehelligt, während andere *Crematogaster*-Arten, deren Cuticula diese Substanz nicht enthält, sofort attackiert werden[31].

Mit der Entdeckung, dass manche Substanzen nicht abschrecken, sondern Aggressionen mindern oder gar verhindern, steht man erst am Anfang einer neuen Forschungsrichtung. Auch bei den Fröschen, die in Westafrika unbehelligt mit hochaggressiven Ameisen zusammenleben, hat man überlegt, ob die Peptide in der Haut, die sie vor den Ameisen schützen, nicht auch als Appeasement-Substanzen anzusehen sind. Neben Tarnen und Täuschen wird diese Methode, eine Konfrontation zu vermeiden, die tödlich enden könnte, vielleicht häufiger angewandt als bisher angenommen.

Appeasement-Politik, die einen zu allem entschlossenen Gegner durch Besänftigung und Zugeständnisse von Aggressionen abhalten soll, scheint im Tierreich besser zu funktionieren als in menschlichen Gesellschaften. Diesen Eindruck hat man jedenfalls, wenn man die jüngere Geschichte betrachtet.

Die Bombe im Bauch

Auf seiner ersten Weltumseglung mit dem Schiff *Endeavour* (1768–1771) entdeckte James Cook Australien. Der junge Joseph Banks, der die Expedition als Botaniker begleitete, beschreibt eindrucksvoll seine erste Begegnung mit Weberameisen im damaligen Neu-Holland, dem heutigen Staat New South Wales Australiens:

> Sie leben auf Bäumen, wo sie ein Nest von der Größe einer Faust bis zum Kopf eines Menschen bauen, indem sie Blätter zurechtbiegen und mit einer weißen, papierähnlichen Substanz verkleben ... Doch so arbeitsam sie auch sind, ihre Tapferkeit übertrifft ihren Fleiß. Wenn wir unbeabsichtigt an einen Ast stießen, an dem ihr Nest hing, ließen sich sofort Tausende herabfallen, viele meist sogar auf uns ... und, was oft der Fall war, in unsere Haare und ins Genick, ihre Stiche wurden von manchem als nicht weniger schmerzhaft als die von Bienen empfunden. Allerdings hielt der Schmerz nur wenige Sekunden an[18].

Weberameisen (*Oecophylla*-Arten) sind vom tropischen Afrika über Südostasien bis Australien verbreitet, „stechen" aber nicht, wie Banks annahm, sondern beißen mit ihren kräftigen Kiefern zu, biegen ihren Hinterleib nach vorn und sprühen 50-prozentige Ameisensäure in die Wunde. Eine äußerst wirksame Methode, einen Angreifer zu vertreiben, vor allem, wenn man es gleich mit hunderten dieser aggressiven Ameisen zu tun bekommt. Dem unerfahrenen Tropenreisenden ist daher dringend anzuraten, Gebilde aus verklebten Blättern an einem Busch oder Baum nicht anzurühren (▸ Abb. 7).

Wie Banks aber richtig beobachtete, bilden Weberameisen Seidennester, indem zahlreiche Arbeiterinnen in einer gemeinsamen Aktion Blätter eines Baumes miteinander verkleben. Den Klebstoff liefern die Larven der Ameisen, die von einer Arbeiterin an den Blattrand gehalten werden, wo sie einen Tropfen einer weißlichen Flüssigkeit ausscheiden, der zu einem Seidenfaden ausgezogen und am Rand des benachbarten Blattes festgeklebt wird. Auf diese Weise werden mit einem dichten Netz von Seidenfäden stabile Nester aus Blättern gebaut[18].

Weberameisen zählen zur Unterfamilie Formicinae der Ameisen. Wie alle Vertreter dieser Unterfamilie, so auch unsere einheimische Rote Waldameise (*Formica rufa*), besitzen sie keinen Stachel, sondern eine stark vergrößerte Giftdrüse mit einer Blase, die fast das ganze Abdomen ausfüllt und Ameisensäure in der beachtlichen Konzentration von 50 % und mehr enthält – in einer Menge, die bis zu einem Fünftel des Körpergewichts ausmacht. Diese Säure wird, wie beschrieben, in Richtung eines Angreifers gesprüht und alarmiert damit gleichzeitig die anderen Artgenossen. Doch wie schützen sich die Ameisen selbst vor dem Verätzen durch die starke Säure, die sie im Hinterleib herumtragen? Wichtig ist, dass die Wand der Giftblase für die Säure undurchlässig ist. Sie besteht aus einer dünnen Chitinmembran, eine Garantie für die sichere Speicherung der Ameisensäure.

Doch nicht nur Ameisen produzieren Ameisensäure, die sie aus den Aminosäuren Serin und Glycin synthetisieren. Europäische Laufkäfer der Gattung *Pseudophonus* versprühen aus paarig angeordneten Afterdrüsen, den Pygidialdrüsen, 70- bis 75-prozentige Ameisensäure[32]. Dies wird nur von einem Laufkäfer aus der neuen Welt, *Galerita lecontei*, übertroffen, der sogar 80-prozentige Ameisensäure versprüht[33]. Bei den Käfern sind die Drüsengänge und das Reservoir ebenfalls mit einer Chitinmembran ausgekleidet. Auch die Raupe des Gabelschwanzes, *Cerura vinula*, ein Schmetterling aus der Familie der Zahnspinner, bedient sich dieser Methode, um vorwiegend parasitäre Schlupfwespen und Raupenfliegen abzuwehren. Aus einer Hautfalte vor dem ersten Beinpaar spritzt sie einen feinen Strahl 30-prozentiger Ameisensäure über fast einen halben Meter dem Angreifer entgegen[34].

Rekordverdächtig ist auch, was Geißelskorpione (*Mastigoproctus giganteus*) versprühen. Ihr Name leitet sich von einem langen, fadenförmigen Schwanzfaden, der Geißel, am Ende des Hinterleibs ab (▸ Abb. 8). Aus der knopfartigen Basis der Geißel spritzen sie ein Gemisch aus 84 % Essigsäure, 5 % Caprylsäure und 11 % Wasser einem Angreifer gezielt entgegen[35, 36]. Der Zusatz von Caprylsäure sorgt dafür, dass sich die Essigsäure leichter auf einer Oberfläche ausbreitet und die Wachsschicht der Insektencuticula durchdringt. Auch in diesem Fall schützt sich der Geißelskorpion dadurch vor einer tödlichen Verätzung, dass seine Giftdrüsen mit einer Chitinhülle abgedichtet sind, doch scheint es ihm kaum etwas auszumachen, wenn er bei seiner Sprühaktion selbst Essigsäure abbekommt.

Die Drohnenschlacht

Gegen Ende des Sommers spielt sich in jedem Bienenstock ein Drama ab: Die männlichen Bienen, die Drohnen, werden von den Arbeiterinnen aus dem Stock geworfen, nachdem diese die Fütterung mit Pollen und Honig eingestellt haben. Ihre Funktion, die Begattung der Königin, haben sie erfüllt. Sie werden nicht mehr benötigt und sind als Konkurrenten um die knappen Nahrungsvorräte für den Winter unerwünscht. Zwar verhungern die meisten, da sie selbst nicht in der Lage sind, auf Nahrungssuche zu gehen, doch in Fällen hartnäckigen Widerstandes setzen die Bienen auch ihren Stachel ein. Wehren können sich die Drohnen nicht, denn sie verfügen nicht über einen Stachel. So sind an die 100 tote Drohnen unter einem Bienenstock das Ergebnis einer solchen „Drohnenschlacht".

Mit den wenigen Mikrolitern ihres Giftes, das Bienen mit dem Stachel injizieren, erzielen sie eine dramatische Wirkung. Brut- und Honigräuber wie Wespen und andere Insekten, die in den Stock eindringen, sterben nach dem Stich binnen weniger Sekunden. Der starke Schmerz schreckt auch Wirbeltiere ab, einschließlich dem Menschen. Außerdem zählen die Peptide und Enzyme im Bienengift zu den stärksten Allergenen, die die Natur bereithält. Ein einziger Stich kann bei Personen, die allgemein allergisch reagieren, eine gesteigerte Reaktionsbereitschaft bewirken, die beim nächsten Stich einen anaphylaktischen, potenziell tödlichen Schock auslösen kann.

Wie schützt sich nun die Biene, die eine prall gefüllte Giftblase in ihrem Hinterleib mit sich herumträgt, davor, sich selbst zu vergiften? Wie bei allen stechenden Insekten sind Giftdrüse und Giftreservoir innen mit einer Chitinschicht ausgekleidet, die verhindert, dass Giftkomponenten in den Körper diffundieren. Ein trichterförmiges Ventil am Ausgang jeder Drüsenzelle verhindert außerdem, dass Gift aus dem Reservoir zurückströmt und die Zelle zerstört[37]. Dass Bienen gegen ihr Gift nicht immun oder resistent sind, zeigt die Drohnenschlacht, aber auch die Beobachtung, dass die Königin aufkommende Konkurrentinnen durch einen Stich tötet. Oft besorgen dies allerdings die Arbeiterinnen, die darauf achten, dass es nur eine eierlegende Königin im Bienenstaat gibt, die sie versorgen müssen.

Kleine, aber giftige Ruderfußkrebse hat Björn von Reumont in den Unterwasserhöhlen der Yucatán-Halbinsel Mexikos gesammelt (s. „Höhlentauchen in Mexiko"). Die weniger als 3 cm großen Krebse ähneln mehr einem Tausendfüßer (▸ Abb. 9). Sie sind erst seit 1981 bekannt und bilden unter den Krebstieren eine eigene Klasse, die Remipedia. Mit derzeit 16 Arten stehen sie in enger Verwandtschaft zu den Insekten. Sensationell war jedoch die Entdeckung, dass sie über einen Giftapparat mit einem äußerst wirksamen Gift verfügen[38]. In ihrem Kopfteil liegt ein Paar Giftdrüsen, deren Ausführungsgang zu einem Reservoir führt, einer Giftblase im terminalen Glied der ersten Maxille, einem zum Mundwerkzeug modifizierten Beinpaar. Mit ihr wird mittels Muskeldruck auf das Reservoir das Giftsekret in die Beute, andere

Krebstiere und Gliederfüßer, injiziert. Es ist ein Cocktail aus Peptiden und Proteinen, Neurotoxinen, die die Beute paralysieren oder töten, und Proteasen. Letztere sollen die Beute außerhalb des Körpers verdauen, Chitinasen sollen das Chitin zersetzen. Sicher müssen auch die Remipedia über eine undurchlässige Membran um das Giftreservoir verfügen, die sie vor einer Vergiftung schützt. Wenn diese aus Chitin besteht, das Gift jedoch sehr aktive Chitinasen enthält, stellt sich die Frage, woraus die Membran gebildet wird, oder, wenn sie aus Chitin ist, wie sie den Enzymen widersteht. Eine Antwort auf diese Frage steht noch aus.

Höhlentauchen in Mexiko – auf der Spur der ersten giftigen Krebse

Hierzu schreibt Björn M. von Reumont:

Es ist wieder soweit. Eine weitere Woche Höhlentauchen, um Krebse der Gruppe Remipedia – die ersten giftigen Krebse – zu sammeln. Nach Wochen im Naturhistorischen Museum in London, intensiver Organisation, Vorarbeiten im Labor, Einholen von Sammelgenehmigungen bin ich vor Ort: Tulum auf der Yucatán-Halbinsel Mexikos. Dort verlaufen die unterirdischen Wasserläufe und Grundwasserreservoire des sehr porösen Sandgesteins. Die Unterwasserhöhlen sind stark vernetzt und verbergen vermutlich das längste und größte System der Erde. In diesen stark gefährdeten Unterwasserhöhlen – in Mexiko Cenotes genannt – leben zahlreiche an dieses dunkle Habitat angepasste Lebewesen. So auch eine sehr eigentümliche Gruppe von Krebsen, Remipedia genannt, welche wie schwimmende Hundertfüßer ausschauen. Sie sind vermutlich eng mit den ersten Insekten verwandt, aber wir wissen sehr wenig über ihre Lebensweise. Untersuchungen haben jedoch ergeben, dass in dieser Gruppe Gifte entwickelt wurden.

Der Morgen vor den Tauchgängen beginnt sehr früh, um der gnadenlosen Mittagshitze zu entkommen. Um 5.30 Uhr beginne ich an der Tauchbasis mit meinem „gear check", beginnend mit der Messung des Atemgemisches und endend mit Funktions- und Dichtheitstest aller Lampensysteme und der doppelten Atemregler. Danach folgt die Überprüfung der wissenschaftlichen Ausrüstung, wie Sammelröhrchen und Flüssigkeiten, um gesammelte Tiere zu fixieren.

Beim Briefing erkläre ich den zwei anderen Teammitgliedern, wo und wie lange ich plane, in dem Höhlensystem, das wir heute anfahren, zu tauchen. Um ausreichend viele Individuen der Remipedia für meine Forschung zu sammeln, wird es ein Tauchgang von 60–90 Minuten. Robert „Robbie" Schmittner ist erfahrener Höhlentauchexplorer und Unterwasserfilmer. Er macht Aufnahmen von meinem Sammeln, während Henning Lucht mein Sicherheitstaucher ist und darauf achtet, dass ich die Orientierung beim Sammeln nicht verliere.

Nach einem letzten Durchgehen des Tauchgangs an der Oberfläche der Cenote tauchen wir im trüben Oberflächen-Süßwasser ab in das System. Die Sicht im Eingangsbereich ist relativ schlecht, sie wird aber im Salzwasser der tieferen Höhlenbereiche besser. Leichte Strömung herrscht dort vor. Nach 20 Minuten entdecke ich in einem längeren Gang die ersten Tiere in 22 m Tiefe und signalisiere, dass ich nun das Sammeln beginne. Dazu nehme ich die mit Wasser gefüllten Döslein aus der rechten Beintasche meines Neoprenanzuges und schwimme die Tiere vorsichtig an. Behutsam und mit langsamen Bewegungen lasse ich die Remipedia in die Plastikgefäße schwimmen. Deckel zuschrauben, Gefäß in der Sammeltasche vor der Brust verstauen und dann das nächste Tier antauchen. Wir sind in fast 30 m Tiefe. Mehr Tiefe bedeutet mehr Luftverbrauch, doch kann ich innerhalb von 20–30 Minuten ausreichend viele Individuen fangen. Dann machen wir uns auf den Rückweg. Nach obligatorischem Sicherheitsstop von 5 Minuten auf 4 m Tiefe tauchen wir langsam wieder auf. Wir packen unsere Tauchausrüstung wieder in den Jeep und fahren zurück. Während die anderen beiden ihre Ausrüstung an der Basis verstauen, lasse ich meine liegen und verschwinde mit meinen Tieren im provisorischen Labor. Jetzt heißt es, schnell die Giftdrüsen der Tiere steril unter dem Mikroskop zu präparieren und in spezielle Fixierlösungen für Protein-Analysen zu überführen. Danach die Tauchausrüstung checken und verstauen, die Akkus der drei Lampensysteme aufzuladen, fertig. Jetzt ein Bier und einen Tequila auf den erfolgreichen Tag.

Die Bombenschärfer

Bombardierkäfer (*Brachinus*-Arten), kaum 1 cm groß, sind weltweit verbreitet. Ihre Verteidigungsstrategie, aus der sich ihr Name ableitet, zählt zum Besten, was Insekten zu bieten haben. Nach einem deutlich wahrnehmbaren Knall sprühen sie gezielt einem Angreifer eine heiße, übelriechende Flüssigkeit entgegen (▸ Abb. 10 A). Hierfür produziert der Käfer in einer Drüse im Hinterleib Hydrochinon und Wasserstoffperoxid, das mit 25 % sonst nirgendwo in der Natur derart konzentriert vorkommt. Beide Substanzen werden in einer Sammelblase (Pygidialblase), die ebenfalls mit einer Chitinschicht ausgekleidet ist, gespeichert.

Eigentlich ist dieses Gemisch, wie jeder Chemiker weiß, hochexplosiv, doch verhindert ein beigefügter Hemmstoff, dass beide Chemikalien miteinander reagieren und den Käfer auseinanderreißen. Bei Bedarf, wenn er sich angegriffen fühlt, wird etwas von dem Gemisch in eine zweite Kammer, der „Explosionskammer", gepresst, wo enzymatisch durch eine Katalase aus Wasserstoffperoxid Sauerstoff freigesetzt wird und eine Peroxidase Hydrochinon zu Benzochinon oxidiert (▸ Abb. 10 B). Hierbei wird in hohem Maße Wärme frei, die das Gemisch fast zum Kochen bringt. Der freigesetzte Sauerstoff bildet das Treibgas, mit dem die Chinone unter hohem Druck versprüht werden. Eine äußerst wirksame Waffe, mit der der Bombardierkäfer seinem Namen gerecht wird und die er zudem mehrmals hintereinander einsetzen kann[36, 39, 40].

Dabei handelt es sich in der Tat um einen binären Kampfstoff: Zwei Substanzen werden zur Reaktion vermischt und schärfen damit eine Chemiewaffe entsprechend den Bomben und Granaten, wie sie im militärischen Bereich leider noch reichlich vorhanden sind – trotz Moratorien zur Abschaffung derartiger Waffen. Auch der Käfer lässt seine beiden Chemikalien „just in time" miteinander reagieren; eine sicher riskante, doch beim ihm kontrolliert ablaufende Reaktion, die ihn selbst vor Schaden bewahrt

Pflanzen wehren sich

Das üppige Grün eines tropischen Regenwaldes, die weite Graslandschaft einer afrikanischen Savanne, der dichte bodendeckende Bewuchs von Flechten, Moosen und Farnen in baumlosen Höhen, die Tangwälder in Meerestiefen: Wie kommt es, dass sie dem enormen Druck der Pflanzenfresser, dem Heer der Insekten, den Herden der Huftiere, den marinen

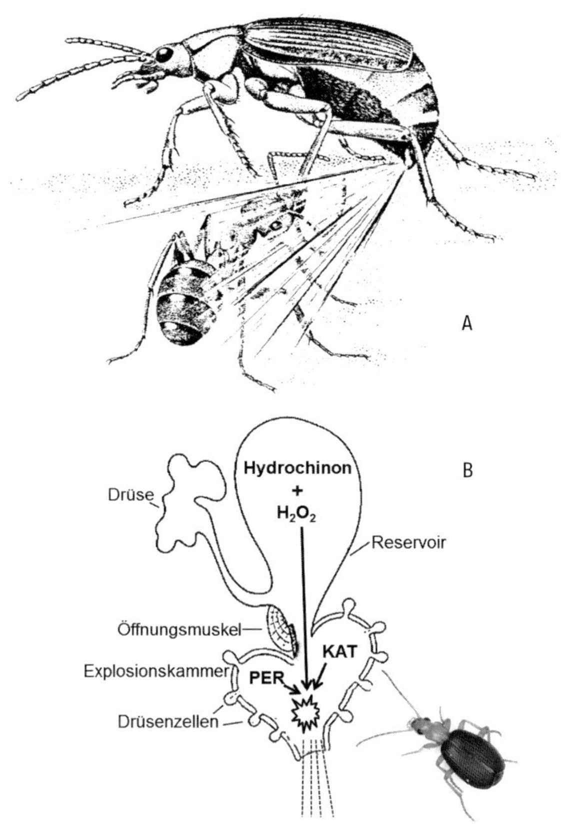

Abb. 10 Bombardierkäfer der Gattung *Brachinus* sprühen ihrem Gegner eine heiße, übelriechende Flüssigkeit entgegen (A). Eine Drüse im Hinterleib des Käfers bildet Hydrochinon und Wasserstoffperoxid (H_2O_2), die in einem Reservoir gespeichert werden (B). Bei Bedrohung werden beide Chemikalien in die Explosionskammer gepresst, wo enzymatisch durch eine Katalase (KAT) Sauerstoff freigesetzt und Hydrochinon zu Benzochinon durch eine Peroxidase (PER) oxidiert wird. Der Sauerstoff fungiert als Treibgas, mit dem das heiße Reaktionsgemisch versprüht wird (modifiziert nach [36, 39]).

Algenfressern standhalten und nicht schon längst verschwunden sind oder einer artenarmen Flora Platz gemacht haben?

Ganz im Gegenteil, in ihrer Artenvielfalt übertreffen Pflanzen alle Tiere mit Ausnahme der Insekten. Sie sind wahre Überlebenskünstler, die sich sehr effizient zu wehren wissen. Zwar auch mit spitzen Stacheln oder einem Panzer aus harter Rinde, doch ist es vor allem Chemie, die sie einsetzen, um Pflanzenfresser abzuschrecken. Dies gelingt ihnen dank einer enormen Vielfalt chemischer Verbindungen, die sie produzieren, den sogenannten sekundären Pflanzenstoffen, auch Sekundärmetabolite genannt. Sekundäre Pflanzenstoffe entstammen einem Stoffwechsel, der ohne Bedeutung für die Entwicklung und das Wachstum der Pflanze ist, im Gegensatz zu den essenziellen Stoffen des Primärstoffwechsels, den Kohlehydraten, Aminosäuren, Nukleinsäuren und Fetten. Anfangs hielt man sie für Abfallprodukte des allgemeinen Stoffwechsels einer Pflanze. Doch je mehr man in die Chemie und die komplizierten Synthesewege dieser Stoffe eindrang, desto mehr verfestigte sich die Erkenntnis, dass die Sekundärmetaboliten doch wohl zu etwas gut sein müssen. Zwar wird im Lauf der Evolution vieles „ausprobiert", modifiziert und auch verworfen, doch erklärt dies nicht allein die hohe Diversität dieser Stoffe, darunter allein mehr als 12 000 bisher bekannte Alkaloide.

Vor allem Insektenforscher waren es, die sich fragten, warum Insekten bestimmte Pflanzen als Nahrung bevorzugen, andere hingegen meiden. So erkannte man bald die große Bedeutung der Sekundärmetaboliten in den ökologischen Netzwerken. Als Fraßhemmer oder als Toxine sichern sie das Überleben der Pflanzen, doch nicht nur das. Vielfach schützt ihre antimikrobielle Wirkung vor Pilzbewuchs und bakteriellen Infektionen, als Signalmoleküle laden Duftstoffe zur Bestäubung ein.

Gleichzeitig rüsten die Fraßfeinde, überwiegend Insekten, auf. Mit mancherlei Tricks hebeln sie die Abwehrstrategien der Pflanzen aus. So stehen beide, Pflanzen und Insekten, in einem ständigen Rüstungswettlauf (s. „Rüstungswettlauf"). Verbessern Pflanzen ihre Abwehr, entwickeln Insekten neue Methoden, um den Schutzwall ihrer Nahrungspflanzen zu überwinden.

Diese Anpassungen im Überlebenskampf sind neben den Herausforderungen der Umwelt wie Trockenheit, Überschwemmungen, Kälteeinbrüchen oder Bränden wichtige Faktoren, die die Evolution vorantreiben und zur Artenvielfalt von Pflanzen und Tieren führen. Der hohe Selektionsdruck wirkt sich auch auf die komplizierten Synthesewege der Sekundärmetabolite aus, die der genetischen Kontrolle unterliegen. Syntheseschritte müssen genau aufeinander abgestimmt sein, damit ein aktives Produkt gebildet wird, das den rigorosen Selektionsprozess besteht. Sie müssen aber auch ausreichend flexibel genug sein, um jederzeit neue und bessere Strukturvarianten hervorzubringen; eine Voraussetzung, um den ständig wechselnden Herausforderungen von Umwelt, Konkurrenten und Fraßfeinden wirksam zu begegnen.

Es ist ein fein abgewogenes Gleichgewicht, zu dem Sekundärmetaboliten einen entscheidenden Beitrag leisten, und das beiden, Pflanze und Tier, das Überleben garantiert (wenn nicht der Mensch eingreift): der Pflanze, die die Zahl ihrer Fraßfeinde radikal einschränkt, und dem Tier, das sich eine Nische in Form einer oftmals sogar exklusiven Nahrungspflanze erschließt.

Nicht zuletzt sind es diese Naturstoffe, die die Grundlage vieler Arzneimittel bilden. Etwa 30 % der Wirkstoffe der gegenwärtig verwendeten Arzneimittel sind natürlichen, überwiegend pflanzlichen Ursprungs: Digitoxin aus dem Fingerhut (*Digitalis pupurea*) ist eines der wichtigsten Medikamente zur Behandlung des Altersherzens, Morphin aus der Mohnpflanze (*Papaver somniferum*) ist unverzichtbar in der Schmerztherapie, Atropin aus der Tollkirsche (*Atropa belladonna*) ist für den Notfallmediziner wichtiges Mittel zur Reanimation nach Herzstillstand, um nur einige zu nennen. Doch bisher ist nicht einmal 1 % aller Pflanzen auf ihre Inhaltsstoffe, ihre Sekundärmetaboliten, untersucht. Dies zeigt, welch gewaltiges Potenzial für die Naturstoffforschung bereitsteht[41].

... und Bombenentschärfer

Für den Kleingärtner weitet es sich zum Albtraum aus, wenn er auf seinem Gemüsebeet die Blätter von Radieschen und Kohl „wie von einem Schrotgewehr durchlöchert" vorfindet. Als Übeltäter lassen sich schnell kleine, bis 4 mm große Käfer erkennen. Ihren Namen „Erdflöhe" verdanken sie ihrem enormen Sprungvermögen. Unter diesen Blattkäfern sind die Kohlerdflöhe (*Phyllotreta striolata*) am häufigsten und auf Kohlpflanzen spezialisiert. Keimlinge und Jungpflanzen bevorzugen sie, hier richten sie den größten Schaden an.

Doch zuvor müssen sie die „Senfölbombe" entschärfen, eine sehr wirksame chemische Abwehrwaffe von Kreuzblütlern wie Kohl, Meerrettich, Senf oder Raps, mit der sie sich vor Fraßfeinden schützen: In ihrem Gewebe enthalten sie giftiges Senföl (Isothiocyanat), das als Glykosid gebunden jedoch unschädlich ist. Wird das Gewebe verletzt, etwa wenn ein Insekt hineinbeißt, wird durch ein Enzym, die Myrosinase, Senföl freigesetzt, das stechend riecht und senfartig schmeckt; die meisten Fraßinsekten schreckt das ab. Wie beim Bombardierkäfer wird in einem Zwei-Komponenten-System, bestehend aus Senfölglykosid (Glucosinolat) und Enzym, die Bombe erst geschärft, wenn dies notwendig wird.

$$\text{Glucosinolat} \xrightarrow{\text{Myrosinase}} \text{Isothiocyanat} + \text{Glucose}$$

Erstaunlicherweise bringen es die Kohlerdflöhe fertig, die Senfölglykoside sogar in ihrem Körper zu speichern, also vor deren Aktivierung zur Senfölbombe. Wie die Käfer es schaffen, beim Fressen an den Blättern die Freisetzung des Senföls zu verhindern, ist ungeklärt. Darüber hinaus verfügen sie selbst über eine Myrosinase, mit der sie kontrolliert die gespeicherten Senfölglykoside spalten. Das freigesetzte Senföl setzen sie möglicherweise zu eigenen Verteidigung oder auch zur innerartlichen Kommunikation ein. Warum sie sich bei dieser Gelegenheit nicht selbst vergiften, ist eine offene Frage. „Der Käfer schmeckt nach Senf", stellte Franziska Beran in einem Selbstversuch fest[42].

Wie schon der Name: Kohlweißling (*Pieris rapae*) sagt, sind die Raupen dieses sehr häufigen Falters auf Kohlpflanzen spezialisiert. Die Senfölbombe entschärfen sie auf eine besondere Weise. Sie enthalten in ihrem Darm ein Protein, das sogenannte „nitrilspezifierende Protein" (NSP), das verhindert, dass das giftige Senföl durch die Myrosinase freigesetzt wird. Dafür wird ein anderer Stoffwechselweg eingeschlagen, der ungiftige Nitril-Verbindungen aus den Senfölglykosiden entstehen lässt; sie werden anschließend mit dem Kot ausgeschieden[43].

In Experimenten bot man den Raupen die Schotenkresse (*Arabidopsis thaliana*), eine Modellpflanze der Genetiker, als Nahrungspflanze an und stellte fest, dass im Rahmen des Nitril-Stoffwechsels auch eine instabile Verbindung (α-Hydroxynitril) entsteht. Diese zerfällt spontan in ein Aldehyd und Cyanwasserstoff, Blausäure. Aus der Senfbombe ist somit eine „Cyanidbombe" geworden. Doch auch damit werden die Raupen fertig und entgiften sie ebenfalls enzymatisch: Eine Cyanoalanin-Synthase katalysiert die Umwandlung der Aminosäure Cystein mit Cyanwasserstoff (HCN) zu Cyanoalanin und Schwefelwasserstoff, der mit Hilfe einer Rhodanase mit dem noch vorhandenen Rest HCN zu Thiocyanat entgiftet wird[44].

$$\text{Cystein} + \text{HCN} \xrightarrow{\text{Cyanoalanin-Synthase}} \beta\text{-Cyanoalanin} + H_2S \xrightarrow{\text{Rhodanase + HCN}} \text{Thiocyanat}$$

Allerdings hat die Sache einen Haken. Durch den Geruch des Nitrils wird eine Schlupfwespe (*Cotesia rubecula*) angelockt, die Eier mit ihrem Legestachel in die Raupe einbringt. Die sich entwickelnden Larven zehren die Raupe innerlich auf[45]. So hat die Pflanze, obwohl ihr Verteidigungskonzept überlistet wurde, doch noch gewonnen: Aus der Raupe entwickelt sich kein Falter mehr.

Männliche Kohlweißlingsfalter synthetisieren mit Hilfe der Nitrile Phenylacetonitril, das sie bei der Paarung auf das Weibchen übertragen und das als sogenanntes „Anti-Aphrodisiakum“ dazu dient, weitereMännchen abzuschrecken und weitere Kopulationen zu verhindern, quasi ein chemischer Keuschheitsgürtel[46]. Aber auch dies hat einen Nachteil: Damit wird wiederum eine Schlupfwespe, *Trichogramma brassicae*, angelockt, die in diesem Fall die Eier des Falters parasitiert.

Einen anderen Weg gehen Blattläuse (*Myzus persicae*), um die Senfölbombe auszutricksen. Sie stechen mit ihrem Saugrüssel gezielt das Phloem an, einen Teil der Leitbündel der Pflanze, aus dem sie den Saft saugen, in dem auch Senfölglykoside enthalten sind. Tunlichst vermeiden sie es aber, die Zellen um das Phloem anzustechen, in dem sich die Myrosinase befindet[47]. Allerdings hat auch dies seine Grenzen. Je mehr Blattläuse die Pflanze anstechen und aussaugen, desto schneller bildet die Pflanze eine Indolglucosinat-Verbindung, die die Blattläuse abschreckt. Das Versagen der Senfölbombe wird damit kompensiert.

Eine andere Blattlaus, *Brevicoryne brassicae*, geht noch einen Schritt weiter. Sie speichert Senfölglykoside in ihrem Körper und hat außerdem separat in ihrer Brust- und Kopfmuskulatur eine eigene Myrosinase vorrätig. Man bezeichnet sie daher auch als „die wandelnde Senfölbombe“[48]. Sie nutzt die Bombe zur eigenen Feindabwehr, etwa gegen Marienkäfer (*Coccinella septempunctata*), die sich von Blattläusen ernähren. Werden die Läuse angegriffen, setzt die Myrosinase automatisch Senföl frei. Der Marienkäfer und auch dessen Larven erleiden eine tödliche Vergiftung.

Einer der wichtigsten Schädlinge in Kohlanpflanzungen ist die Raupe der Kohlmotte, *Plutella xylostella*. Sie verfügt in ihrem Darm über eine sehr aktive Sulfatase, mit der sie den Sulfatrest von Glucosinolaten abspaltet. Das resultierende Produkt, Desulfoglucosinolat, reagiert nicht mehr mit Myrosinase und wird mit dem Kot ausgeschieden[49]. Die chemische Veränderung der Glucosinolate ist somit eine weitere Methode, die Senfölbombe zu entschärfen. Auch die Weinbergschnecke (*Helix pomatia*), ein Allesfresser, der vor Kohlpflanzen nicht Halt macht, bedient sich dieser Methode[50].

Die Wanderheuschrecke, *Schistocerca gregaria*, die mit ihren Schwärmen biblischen Ausmaßes als eine der 10 Plagen den Auszug der Israeliten aus Ägypten beförderte („Da sprach der Herr zu Mose: Recke deine Hand über Ägyptenland, dass Heuschrecken auf Ägyptenland kommen und alles auffressen, was im Lande wächst, alles, was der Hagel übriggelassen hat.“ 2. Buch

Moses, Kapitel 10,12), zählt auch heute noch in Afrika zu den schlimmsten Ernteschädlingen. Beim Fraß an Kreuzblütlern wird in ihrem Darm ein Sulfatase-Enzym induziert, das ebenfalls die „Explosion" der Senfölbombe verhindert. Dies demonstriert gleichzeitig, wie schnell und effizient sich die Heuschrecke an Pflanzen mit den unterschiedlichsten Abwehrstoffen anpassen und diese gefahrlos verzehren kann[51].

Wie man die Senfölbombe umgehen und sich dabei gleichzeitig nützlich machen kann, demonstriert die Ägyptische Stachelmaus (*Acomys cahirinus*). In den Wüstengebieten des Nahen Ostens ernährt sie sich u. a. von den Beerenfrüchten einer Pflanze, *Ochradenus baccatus*, die zu den Resedagewächsen zählt. Ihre Früchte sind ebenfalls mit der Senfölbombe ausgestattet. Während das Fruchtfleisch reich an Senfölglykosiden ist, enthält lediglich der Kern die Myrosinase, die das Senföl freisetzt. Solange sich die Maus nur ans Fruchtfleisch hält, hat sie nichts zu befürchten. Erst wenn sie am Kern knabbert, wird das Enzym frei und tritt in Aktion, die Bombe wird geschärft. Aus Erfahrung, des scharfen Geschmacks des Senföls wegen, spuckt die Maus den Kern wieder aus. Zuvor hatte sie die Beeren in ihre Behausung zwischen Felsspalten transportiert, wo in kühler und feuchter Umgebung für die Kerne optimale Bedingungen zum Auskeimen bestehen. So hat die Senfölbombe dafür gesorgt, dass die Maus vom Samenfresser zum Samenverteiler wurde[52]. Andererseits ist die Goldstachelmaus (*Acomys russatus*), die im gleichen Biotop vorkommt, weitaus weniger empfindlich gegenüber Senföl und verzehrt beides, Fruchtfleisch und Kern. Raffinierter geht die Kreta-Stachelmaus (*Acomys minous*) vor: Sie frisst ein Loch in das Fruchtfleisch und verzehrt ausschließlich den Kern, der lediglich die Myrosinase enthält[53].

Eine klitzekleine Prise Zyankali dazu

Zusammen mit Arsen und Strychnin im Wein ist dies das Rezept, das die beiden alten Damen in Frank Capras legendärem Film *Arsen und Spitzenhäubchen* benutzen, um ihre Gäste ins Jenseits zu befördern. Zyankali gilt allgemein als das Gift par excellence; allerdings geht es noch viel besser, zieht man etwa das Gift der Kugelfische in die engere Auswahl (s. Seite 98).

Pflanzen stehen unter einem enormen Druck, dem sie durch Fressfeinde, vor allem Insekten, ausgesetzt sind. Doch sie wehren sich sehr effizient, indem sie Chemie einsetzen, um diese Angreifer abzuschrecken (s. „Pflanzen wehren sich"). Unter den zahlreichen Stoffen, die sie dafür im Sekundärstoffwechsel bilden, spielen cyanogene Glykoside eine führende Rolle. Wird die Pflanze verletzt, so wird enzymatisch mittels einer β-Glucosidase vom Glykosid α-Hydroxynitril abgespalten, wobei aus Letzterem durch eine Lyase der hochgiftige Cyanwasserstoff (HCN), gemeinhin Blausäure genannt, freigesetzt wird. Diese sehr wirksame Abwehrmethode schreckt die meisten Pflanzenfresser schon beim ersten Biss ab. Trotzdem haben es einige Insekten geschafft, dieser Verteidigungsstrategie erfolgreich zu begegnen und sie zu überwinden.

Man findet sie in den Wäldern Nordamerikas recht häufig, im Laubstreu oder wenn man Totholz umdreht: Tausendfüßer mit gelben Beinen und gelborangen Rändern ihrer schwarzen Segmente wie *Apheloria corrugata* aus der Familie der Bandfüßer (Xystodesmidae, ▸Abb. 11). Nimmt man sie in die Hand, entströmt ihnen ein starker Bittermandelgeruch, freigesetzte Blausäure. Setzt man sie anschließend in ein kleines Sammelglas und verschließt es, so bleiben die Tiere nicht lange am Leben. Zwar sind sie fünf- bis zehnmal resistenter als Küchenschaben den Blausäuredämpfen gegenüber, erheblich mehr noch als Säugetiere, doch ist in einem geschlossenen Gefäß die HCN-Konzentration eindeutig zu hoch[54]. In freier Natur und bei frischer Luft besteht hingegen keine Gefahr. Die Hemmung der Cytochromoxidase, die eine Schlüsselfunktion in der Atmungskette der Zelle einnimmt, ist für die letale Wirkung von Cyaniden ausschlaggebend. Eine hohe Cyanid-Resistenz seines Enzyms scheint den Tausendfüßer in gewissem Umfang vor einer Selbstvergiftung zu schützen.

Die Freisetzung von Blausäure ist allein schon ein riskantes Unterfangen. Hierzu haben Tausendfüßer, aber auch eine Vielzahl anderer Gliederfüßer sowie zahlreiche Blausäure produzierende Pflanzen eine Methode parat, bei der die Blausäure selbst nicht gespeichert wird, sondern inaktiv in einer stabilen Verbindung von Benzaldehyd und HCN als Mandelonitril gebunden ist. Bei Bedarf wird HCN enzymatisch freigesetzt. Dies geschieht beim Tausendfüßer in einer Drüse, in der das Mandelonitril oder ähnliche Verbindungen in einem Reservoir gespeichert sind und erst in eine Kammer geleitet werden, wenn Blausäure gebildet werden soll. Eine Technik, wie sie auch die „Senfölbomber" anwenden. Hierzu setzt ein Enzym unter Bildung von Benzaldehyd HCN frei, das dampfförmig ausgestoßen wird. Ein Tausendfüßer mit etwa 1 g Gewicht bildet auf diese Weise bis zu 0,6 mg HCN, was beispielsweise der sechsfachen mittleren tödlichen Dosis für eine Maus entspricht[55].

Schmetterlinge entgiften Blausäure

Wie erwähnt sind Tausendfüßer nicht die einzigen Tiere, die Blausäure zur Verteidigung einsetzen. Schmetterlinge wie die Blutströpfchen oder Widderchen aus der Familie der Zygaenidae sind schon lange dafür bekannt, dass sie es in einer gesättigten HCN-Atmosphäre bis zu einer Stunde aushalten und sich schnell an frischer Luft erholen, wenn man sie freilässt (▸ Abb. 12 A). Schmetterlingssammler machen diese Erfahrung, wenn sie ein Tötungsglas mit Zyankali benutzen. Zygaeniden enthalten als Raupen und als Falter cyanogene Glykoside wie Linamarin und Lotaustralin, die sie zwar zum Teil ihren Nahrungspflanzen wie dem Weißklee (*Trifolium repens*) entnehmen, aber auch selbst synthetisieren. Mittels eines Enzyms, der Linase (früher Linamarase genannt, eine Glucosidase), entsteht Hydroxynitril, aus dem HCN mittels einer Hydroxynitril-Lyase freigesetzt wird[56, 57]. Auch verfügen die Schmetterlinge über einen sehr effizienten Entgiftungsmechanismus. Wiederum mit Hilfe eines Enzyms, der β-Cyanoalanin-Synthase. Sie bildet mit der Aminosäure L-Cystein und HCN das vergleichsweise ungiftige β-Cyanoalanin (s. Seite 38).

$$\text{Linamarin} \xrightarrow{\text{Linase}} \underset{+\ \text{Glucose}}{\text{Hydroxynitril}} \xrightarrow{\text{Hydroxynitril-Lyase}} \text{HCN} + \text{Aldehyd}$$

Doch auch andere Schmetterlinge wie die Passionsblumenfalter (*Heliconius*-Arten) aus der neuen Welt und die afrikanischen *Acraea*-Arten enthalten Linamarin und Lotaustralin, die sie zum größten Teil selbst herstellen und aus denen sie auf gleiche Weise Blausäure freisetzen (▸ Abb. 12 B). Darüber hinaus speichert die Raupe von *Acraea horta* ein weiteres Cyanoglykosid, das Gynocardin, welches sie ihrer Nahrungspflanze *Kiggelaria africana* entnimmt und an den Falter weitergibt[58]. Insekten scheinen einen ähnlichen Weg zur Entgiftung einzuschlagen wie die Zygaeniden. Diese Eigenschaft, d. h. ihre Giftigkeit, fordert geradezu die Bildung von Mimikry-Ringen heraus: täuschend ähnlichen Nachahmern, die jedoch ungiftig sind und unter den Schutzschirm der giftigen Falter schlüpfen (s. „Henry Bates und die Mimikry").

Die Gartenbohne (*Phaseolus vulgaris*) wird häufig von Spinnmilben der Art *Tetranychus urticae* heimgesucht, die beim Anstechen der Pflanze keinen Schaden davontragen – trotz cyanogener Glykoside und freigesetzter Blausäure. Auch sie verfügen über einen sehr effektiven Entgiftungsmechanismus. Der Schlüssel hierfür ist wiederum das Enzym β-Cyanoalanin-Synthase. Das gebildete β-Cyanoalanin wird durch eine Nitrilase zu Asparagin und Asparaginsäure umgewandelt. Damit ist die Entgiftung der Blausäure komplett.

Das Gen für die β-Cyanoalanin-Synthase findet sich auch im Genom einiger Schmetterlinge, so beim Seidenspinner (*Bombyx mori*), dem Monarchfalter (*Danaus plexippus*), dem Postboten (*Heliconius melpomene*), dem Tabakschwärmer (*Manduca sexta*) und der Kohlmotte (*Plutella xylostella*), obwohl die meisten von ihnen mit cyanogenen Pflanzen nichts am Hut haben. Erstaunlicherweise ist das Gen bakteriellen Ursprungs, wie Wissenschaftler aus einer phylogenetischen Analyse schlossen[59]. Die Fähigkeit der Tiere, es einzusetzen, ist das Ergebnis eines sogenannten horizontalen Gentransfers, der Übertragung eines Bakterien-Gens auf die Milben und Schmetterlinge und seine Aufnahme in deren Genom. Unter Bakterien ist dies ein keineswegs seltenes Ereignis. Man nimmt an, dass dieser Gentransfer wohl mehrere hundert Millionen Jahre zurückliegt, wobei ein solcher Transfer von Genmaterial von Bakterien zu höheren Lebewesen wohl häufiger stattfindet als bisher angenommen. Der damit erworbene Schutz vor einer Blausäure-Vergiftung ermöglicht es Milben und Schmetterlingsraupen, eine für andere abschreckende Nahrungsquelle konkurrenzfrei zu nutzen.

Henry Bates und die Mimikry

Es ist ein unvergessliches Erlebnis, wenn man weit außerhalb von Belém an der Amazonas-Mündung steht: Wasser, soweit das Auge reicht, das andere Ufer nicht sichtbar, ein weißer Sandstrand, und trotzdem sind es noch fast 100 km bis zum Meer. So müssen es auch der 23-jährige Henry Walter Bates und sein 25-jähriger Freund Alfred Russel Wallace erlebt haben, als sie 1848 in Belém landeten und sich von den Tropen Südamerikas gefangennehmen ließen, die schon Alexander von Humboldt tief beeindruckt hatten („Ich komme von Sinnen, wenn die Wunder nicht bald aufhören."). Beide, jung und bereit zu Abenteuern, wollten Insekten sammeln, um mit deren Verkauf in England ihre Reise zu finanzieren. Nach eineinhalb Jahren trennten sie sich und zogen ins Innere Amazoniens, Bates nach Santarem und weiter bis fast zur peruanischen Grenze, Wallace zum Rio Negro, den er kartografierte.

Trotz der damals sicher eher schwierigen Lebensumstände sammelte Bates alles, was ihm begegnete, von Insekten bis Vögel und Säugetiere, und schickte sie an Museen und Sammler in Europa. Nach 11 Jahren kehrte er aus gesundheitlichen Gründen nach England zurück.

Weder Bates noch Wallace hatten eine akademische Ausbildung genossen und man würde sie heute eher als Hobbyforscher bezeichnen. Nichtsdestoweniger hatten sie hochfliegende Pläne und sich vorgenommen, Daten zur Entstehung der Arten zu sammeln. Lamarcks Transmutation der Arten, die Umwandlung einer Art in eine andere, war damals die vorherrschende Theorie. Auf seinen späteren Reisen durch die Inselwelt Indonesiens entwickelte Wallace die Theorie der natürlichen Selektion, mit der er die Entstehung neuer Arten erklärte; unabhängig von Charles Darwin, was anlässlich seines 100. Todesjahres 2013 gebührend gewürdigt wurde[60].

Henry Bates war in Brasilien aufgefallen, dass Schmetterlinge der Gattung *Heliconius* von Fressfeinden wie Vögeln gemieden werden. Wie man heute weiß, sind sie durch Blausäure, die sie bei Verletzung bilden, sehr wirksam vor Verfolgung geschützt. Er beobachtete aber auch, dass Schmetterlinge aus der Familie der Weißlinge den Heliconiden oft täuschend ähnlich sind, aber keineswegs über eine chemische Abwehr verfügen. Bates kam zu dem Schluss, dass die schmackhaften Falter meist in Minderzahl zu den ungenießbaren sind und diese nachahmen, was sie vor Fressfeinden schützt, die ja gelernt haben, die ungenießbaren zu meiden. Diese Art der Anpassung, als Bates'sche Mimikry bezeichnet, war ein willkommener Beweis für das Wirken der natürlichen Selektion, was die Theorien von Darwin, Wallace und auch von Fritz Müller (s. „Fritz Müllers Mimikry") unterstützte.

Bates starb 1892 in London, wozu, wie Wallace bissig in einem Nachruf meinte, „die Plackerei im Amt der Royal Geographic Society" beitrug.

Betrunkene Fliegen, viel Alkohol ...

Ein warmer Sommerabend im Garten, ein Glas Bier und Whisky auf dem Tisch und man ist nicht lange allein. Schon bald finden sich kleine rotäugige Fliegen mit einem schwarzen Bauch ein: *Drosophila melanogaster*, die Frucht- oder Essigfliege. Sie sammeln sich am Glasrand und wollen mittrinken. Während sie Bier anscheinend problemlos genießen, fallen manche plötzlich in das Whiskyglas und ertrinken. Sie vertragen offenbar nicht die höhere Alkoholkonzentration im Whisky (ca. 40 % Vol.) und werden schneller volltrunken gegenüber 4–5 % Vol. Alkohol im Bier, was sie wohl eher verkraften.

Eine geschälte Banane, die nach einem Tag langsam zu gären anfängt, lockt Schwärme der Fruchtfliegen an, die dort ihre Eier ablegen. Im Nu hat man einen Zuchtansatz der für den Genetiker so interessanten Fliegen. Die ausschlüpfenden Larven ernähren sich von Hefen und Bakterien, die Zucker und Stärke zu Alkohol, hauptsächlich Ethanol, vergären, erst in zweiter Linie vom Obst selbst. Dabei bekommen sie auch einiges an Alkohol mit.

Drosophila hat Ethanol gegenüber eine erstaunliche Toleranz entwickelt, übrigens mehr als dies bei *Homo sapiens* der Fall ist. Auch er kann durch eifriges „Training", d.h. exzessiven Alkoholkonsum, in gewissem Umfang hohe Dosen Ethanol verkraften, doch bleibt dies bekanntermaßen nicht ohne schwere gesundheitliche Folgen. Die Fliege dagegen ist genetisch besser darauf vorbereitet, Ethanol zu verarbeiten. Sie verfügt über ein Enzym, die Alkohol-Dehydrogenase (ADH), die in weitaus höherer Aktivität als das entsprechende Enzym in der Leber des Menschen die Oxidation des Ethanols zu Acetaldehyd katalysiert. Daran anschließend sorgt die Acetaldehyd-Dehydrogenase (ALDH) dafür, dass Acetaldehyd zu Essigsäure oxidiert wird. Mit diesen beiden Reaktionen werden sowohl Ethanol als auch sein Abbauprodukt entgiftet und lassen den Betrunkenen wieder nüchtern werden.

Wie der Name „Essigfliege" andeutet, muss *Drosophila* nicht nur mit der Essigsäure aus ihrem Alkoholstoffwechsel fertigwerden, sondern auch mit Essigsäure, die in den gärenden Früchten entstanden ist. Der typische Geruch von Essig und ein pH-Wert von 3 bis 4 weist auf die teilweise hohe Konzentration der Säure in diesem Milieu hin. Doch auch dafür ist die Fliege gut gerüstet und entgiftet die Essigsäure, indem sie diese zum Acetyl-Coenzym A, in die aktivierte Essigsäure umwandelt[61]. Diese spielt im Stoffwechsel, so im Zitronensäurezyklus und beim Aufbau von Aminosäuren und Fett, eine zentrale Rolle. Insofern hat das Ausgangsprodukt Ethanol sogar einen gewissen „Nährwert" („Bier = flüssiges Brot"), was jedoch nicht von seinen toxischen Eigenschaften ablenken darf.

Erstaunlicherweise zeigen sich *Drosophila*-Populationen in den jeweils höheren Breitengraden der Nord- wie Südhalbkugel besonders tolerant gegenüber Ethanol[62]. Auch die Fliegen, die Brauereien und Weinkellereien bevölkern, sind besser daran angepasst als Populationen außerhalb dieser Orte[63].

Ethanol ist sicher nicht die eigentliche Nahrung der Fliege. Auch sie kann Anzeichen einer akuten Ethanol-Vergiftung zeigen, wie vermehrtes Umherlaufen bei niedrigen und vollständige Sedierung bei hohen Dosen[64, 65]. Sie wird zwar von Ethanol angelockt, nutzt aber gärende Früchte, die ihr nur selten Konkurrenten streitig machen, eher als eine Nische für die sichere Eiablage und Entwicklung der Larven. Der Selektionsdruck zur Anpassung an die teilweise hohen Ethanol-Konzentrationen (bis 15 %) wirkt sich daher in erster Linie auf ihr Larvenstadium aus[66].

Nützlich ist die Alkoholtoleranz von *Drosophila* zur Abwehr parasitierender Wespen (*Leptopilina heterotoma*); diese bringen ihre Eier in die Larven ein und die ausschlüpfenden Wespenlarven fressen ihren Wirt von innen auf. Normalerweise legt die Fruchtfliege ihre Eier in gärendes Substrat ab, wo sich noch nicht so viel Ethanol gebildet hat. Doch sieht sie eine Wespe, sucht sie zur Eiablage eine Stelle mit höherem Ethanolgehalt auf, den ihre Larven noch problemlos tolerieren. Für die Wespe werden die nunmehr alkoholisierten Larven uninteressant und sie meidet sie, denn der Alkohol ist für ihre eigenen Larven toxisch. Das Erkennen ihres Hauptfeindes, der Wespe, anhand optischer Signale ist *Drosophila* angeboren. Ihr Verhalten wird als eine besondere Form der Immunabwehr interpretiert, indem sie ihre Nachkommen präventiv mit einem Abwehrstoff, in diesem Fall Ethanol, versorgt. Denn wenn die Larve erst mit einem Wespenei infiziert ist, wird sie mit der ausschlüpfenden Larve nicht mehr fertig – gleichzeitig mit dem Ei injiziert die Wespe virusähnliche Partikel, die das Immunsystem blockieren und die Entwicklung der *Drosophila*-Larve verzögern[67].

… und giftige Pilze

Doch nicht alle *Drosophila*-Arten sind alkoholabhängig und steuern gezielt gärende Früchte an. Andere wie *Drosophila quinaria*, *Drosophila recens* oder *Drosophila phalerata* sind mycophag, d. h. sie legen ihre Eier in Pilzen ab, darunter auch in klassische Giftpilze wie den Grünen Knollenblätterpilz

(*Amanita phalloides*) und den Kegelhütigen Knollenblätterpilz (*Amanita virosa*), von denen sich die ausschlüpfenden Larven ernähren. Diese Pilze enthalten das hochgiftige α-Amanitin, ein zyklisches Peptid, das für die häufig tödlich verlaufende Vergiftung nach einer Knollenblätterpilz-Mahlzeit verantwortlich ist. Das Peptid hemmt spezifisch RNA-Polymerasen, was zur Blockade der Proteinsynthese führt: Enzyme, Hormone oder Strukturproteine werden nicht mehr hergestellt, zahlreiche Stoffwechselprozesse kommen zum Erliegen. Fortschreitendes Leberversagen ist letztlich todesursächlich.

Die pilzfressenden Fliegen, aber auch *Drosophila melanogaster* selbst, zeigen eine erstaunlich hohe Resistenz dem α-Amanitin gegenüber. Dies beruht auf mehreren Mechanismen. So wird das Toxin am Eindringen in die Epithelzellen des Darms gehindert, in Fettpartikel eingeschlossen und/oder proteolytisch gespalten und damit inaktiviert, entgiftet und anschließend ausgeschieden[68].

Was hat nun *Drosophila* davon, sich eine solch giftige Nahrungsquelle für ihre Nachkommen auszusuchen? In weniger giftigen bis ungiftigen Pilzen, die sie auch zur Eiablage aufsucht, befinden sich häufig Fadenwürmer, Nematoden, die die Larven infizieren, sich sogar über das Puppenstadium hinaus in der Fliege finden und diese unfruchtbar machen. Hingegen reagieren Nematoden sehr empfindlich auf α-Amanitin und tauchen daher in Knollenblätterpilzen kaum auf. *Drosophila* nutzt somit für ihre Larven eine parasitenfreie Nahrungsquelle[69].

Nur nicht dran rühren

Die Lagune von Madang in Papua-Neuguinea, in der wir schon Anemonenfische („Nemo“) untersucht hatten (s. Seite 16), hält stets Überraschungen bereit. Wir hatten uns vorgenommen, einige Schwämme zu sammeln, diese zu extrahieren und die Extrakte auf ihre biologische Aktivität zu testen. Aus Schwämmen stammt der Großteil der bislang bekannten marinen Naturstoffe, meist von sehr komplexer Struktur, mit denen die Tiere potenzielle Fressfeinde abschrecken[16]. Einige wenige dieser Stoffe finden als Zytostatika in der Tumortherapie Anwendung[41].

In erstaunlicher Formenvielfalt, als meterlange Röhren, als riesige, an Elefantenohren erinnernde Gebilde, als dicke Kugeln und quadratmetergroße Matten dominieren Schwämme oft ganze Korallenriffe. Nur wenige Wissenschaftler auf der Welt kennen sich mit ihnen aus. Wir beschränkten uns daher beim Sammeln nur auf Arten, die wir selbst bestimmen konnten.

Das Schwammhotel

Asteropus sarassinorum ist ein fußballgroßer Schwamm, der sich recht häufig in der Lagune findet (▸ Abb. 13 A). Aus diesem Schwamm waren bereits Naturstoffe isoliert worden, sogenannte Sarasinoside, die zur Gruppe der Saponine gehören – Verbindungen, die die Zellmembran zerstören[70]. Als wir ihn im Labor aufschnitten, kamen aus seinen Kanälen und Kammern zahlreiche kleine rötlich-glänzende Krebse und Schlangensterne herausgekrabbelt. So zählten wir in einem Schwamm mit 20 cm Durchmesser 130 dieser kleinen Porzellankrebse in unterschiedlichen Größen von 2 bis 8 mm, die uns der Krebstier-Spezialist Michael Türkay vom Senckenberg Museum in Frankfurt als *Polyonyx obesolus* bestimmte[71] (▸ Abb. 13 B). Sie scheinen mit Schlangensternen um Raum zu konkurrieren: In Schwämmen, in denen besonders viele Krebse vorkamen, fanden sich nur wenige Schlangensterne und umgekehrt. Auch scheinen sich die Krebse auf nur diese Schwammart spezialisiert zu haben, denn in Schwämmen anderer Arten in der Nachbarschaft, die ebenfalls mit einem umfangreichen Kanalsystem ausgestattet sind, fanden wir keine Mitbewohner.

Doch kaum hatten wir die Krebse in eine Schale mit Seewasser gesetzt, das noch Flüssigkeit des angeschnittenen Schwammes enthielt, waren sie binnen 15 Minuten tot. Offenbar waren sie nun erst den Inhaltsstoffen des

Schwammes ausgesetzt und die Saponine wirkten für sie tödlich. Versuche mit Salinenkrebsen (*Artemia salina*) zeigten uns, dass diese selbst in stärksten Verdünnungen des Schwammextraktes starben.

Wie schaffen es die Porzellankrebse, in dem für sie so gefährlichen, da toxischen Umfeld zu überleben? Die Antwort ist einfach: Das Kanalsystem des Schwammes ist mit einer glatten, aber harten Sponginschicht ausgekleidet. Solange man daran nicht kratzt oder gar sich einbohrt, werden die toxischen Saponine nicht frei. So genießen die kleinen Krebse im Inneren des Schwammes dank seiner effektiven chemischen Verteidigung Schutz vor Fressfeinden. Aus dem ständigen Wasserstrom, den der Schwamm für seine eigene Ernährung erzeugt, können sie genügend Plankton für den Eigengebrauch entnehmen. Übrigens erwiesen sich die Schlangensterne als wesentlich resistenter den Saponinen gegenüber und haben in der Schale stets überlebt.

Ungeladene Gäste

Schwämme beherbergen in ihren Hohlräumen nicht nur Krebse und Schlangensterne, sondern auch eine Reihe anderer Tiere wie Vielborster (Polychäten) und sogar Fische[72] Arthur S. Pearse[73] bezeichnet Schwämme als „veritable living hotels". Für all diese Mitbewohner scheint zu gelten, dass man unter allen Umständen eine Verletzung des Schwammes vermeiden muss, will man nicht von dessen Abwehrstoffen vergiftet werden.

Dennoch haben einige wenige Fische die chemische Abwehr der Schwämme, darunter auch besonders giftige Arten, überwunden, wie einige Engelfische (*Holacanthus*-Arten), Kaiserfische (*Pomacanthus*-Arten) und Feilenfische (*Cantherines*-Arten)[74]. Allerdings zeigt ihr vergleichsweise geringer Anteil an der Fischfauna eines Korallenriffs, dass die Verteidigungsstrategie der Schwämme wirkt. Wie diese Fische es schaffen, mit den toxischen Inhaltsstoffen ihrer Beute fertig zu werden, bedarf weiterer Untersuchungen.

Andererseits gibt es eine Reihe von Garnelen, die als Parasiten in Schwämmen leben und sich dort ausschließlich von Schwammgewebe ernähren, beispielsweise *Typton carneus* im Feuerschwamm (Gattung *Tedania*). Diese Garnele verfügt über kräftige, scherenartige Klauen, mit denen sie das Schwammgewebe durchtrennt[75]. Doch gerade der Feuerschwamm ist berüchtigt für sein starkes Gift; ein Hautkontakt führt bei ahnungslosen Schwimmern zu einer schmerzhaften, lang anhaltenden Kontaktdermatitis[2]. Zur Frage, wie die Garnelen mit den Inhaltsstoffen des Schwammes umgehen, besteht auch hier Forschungsbedarf.

Doch wie verhalten sich Schwämme untereinander? Häufig sieht man im Riff Schwammgesellschaften, die eng benachbart leben, zum Teil hat sogar einer den anderen überwachsen. Dies sollte Daniel Schaft herausfinden, den wir nach Curaçao, einer Insel der Niederländischen Antillen, schickten. Er sammelte zahlreiche solcher engen Schwamm-Nachbarschaften, trennte beide und untersuchte jeweils deren Inhaltsstoffe. Dabei stellte sich heraus, dass kein Austausch dieser Stoffe unter den Schwämmen stattfindet und dass jeder sie selbst bei engem Kontakt behält[76]. Da viele Naturstoffe nicht von den Schwämmen selbst synthetisiert werden, sondern von Algen und Bakterien in ihrem interzellulären Raum, dem Mesohyl, spricht dies für eine strenge Wirtsspezifität dieser Mitbewohner. Offenbar vertragen sich Schwämme untereinander so gut, dass sie ihre Abwehrstoffe nur selten gegen ihre Nachbarn einsetzen.

Seegurken und ihre Bewohner

Das H. Steinitz Marine Biology Laboratory in Eilat, Israel, war unsere erste Anlaufstelle für die Sammlung von Meerestieren, aus denen wir Naturstoffe isolieren wollten. Hier, am Golf von Aqaba, tauchten wir zum ersten Mal in Korallenriffen und waren überwältigt von der faszinierenden Unterwasserwelt. 1981 konnten wir noch ohne Probleme die Sinai-Halbinsel bereisen, die Israel besetzt hielt und dann 1982 an Ägypten zurückgab. Auf der Straße nach Süden fuhren wir durch die Wüste entlang der Küste, tauchten in den Saumriffen und sammelten alles, was uns interessant erschien.

Zurück im Institut wurden die Proben präpariert, eingefroren oder in Alkohol eingelegt. Als wir eine Seegurke, *Holothuria atra*, aus dem mit Seewasser gefüllten Eimer nahmen, schlüpfte zu unserer Überraschung ein etwa 10 cm langer aalartiger Fisch aus ihrer Kloake. Hans Fricke, der bekannte Verhaltensforscher aus Seewiesen, der sein vorübergehendes Domizil in einem Wohnwagen neben dem Institut aufgeschlagen hatte, beobachtete interessiert unsere Aktivitäten und klärte uns auf. Es sei ein Eingeweidefisch aus der Familie der Carapidae, der sich gewöhnlich in den Wasserlungen der Seegurke, die in den Darm münden, aufhält (▸ Abb. 14). Immerhin bringt dieser Fisch es fertig, dass die Seegurke nicht ihr typisches Abwehrverhalten zeigt: Schon bei geringer Störung schleudert sie ihre Cuvier'schen Schläuche aus,

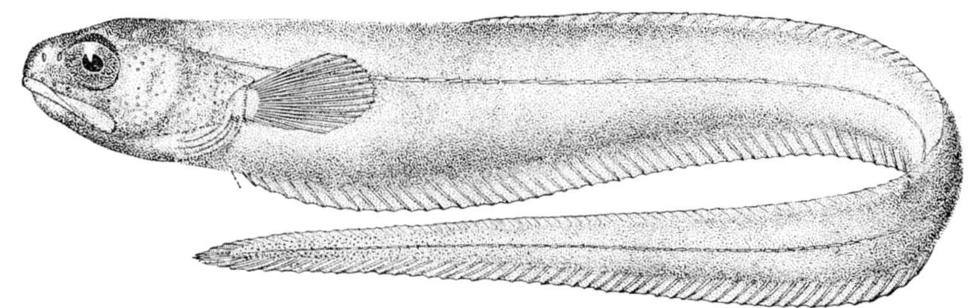

Abb. 14 *Carapus dubius* ist ein sogenannter Eingeweidefisch, der in den Wasserlungen von Seegurken lebt. Er muss vermeiden, mit dem toxischen Holothurin der Seegurke in Kontakt zu kommen.

klebrige Fäden als Anhangsgebilde des Darms und der Wasserlungen. Mit der Schwanzspitze voran fädelt sich der Fisch in die Kloake ein, schlüpft in die Wasserlunge, die er durchbricht, um sodann in die Leibeshöhle zu gelangen. Die Frage allerdings, wie er es dort aushält, denn die Seegurke ist bekannt dafür, dass sie eine Reihe giftiger Triterpen-Glykoside wie das Holothurin enthält, konnte uns Hans Fricke nicht beantworten.

Während manche dieser Fische in Seegurken als Kommensalen („Mitesser") nur das verzehren, was die Seegurke mit ihrem Atemwasser durch die Kloake mit einsaugt, ernähren sich andere Arten als Parasiten von ihrem Gewebe, kommen also durchaus mit den giftigen Glykosiden in Kontakt[77]. Diese Substanzen zählen zur Gruppe der erwähnten Saponine, die schon in geringster Konzentration auf Fische abschreckend wirken[16].

Zumindest für den in der Seegurke *Actinopyga agassizi* lebenden Eingeweidefisch *Carapus bermudensis* wurde nachgewiesen, dass er sehr empfindlich auf Stoffe wie das Holothurin reagiert und in einer Lösung von 1 mg pro Liter nicht lange überlebt[78]. Dies spricht auch dafür, dass die Konzentration des Giftes in der Seegurke eher gering ist. Allerdings dürfte es für den Fisch gefährlich werden, wenn beim Ausschleudern der Cuvier'schen Organe größere Saponinmengen freigesetzt werden. Da Saponine bei Fischen vorwiegend die Kiemen schädigen, scheinen diese zumindest bei einigen Arten vor dieser Wirkung geschützt zu sein.

Doch nicht nur Fische, sondern auch verschiedene Krebse suchen das Innere von Seegurken auf. So nistet sich eine kleine Krabbe, *Hapalonotus reticulatus*, in die Wasserlunge von *Holothuria scabra* und die Harlekinkrabbe, *Lissocarcinus orbicularis*, in *Bohadschia vitiensis* ein[79, 80]. Krebstiere sind generell besser gegen die zytolytische Wirkung der Saponine geschützt als Fische. Ihre Kiemen sind mit einer Chitinmembran überzogen, die durch diese Substanzen nicht zerstört wird[9].

Die Frage, wie Fisch und Krebs ihre Seegurken überhaupt finden, hat eine überraschende Antwort gefunden. Die erwähnten Harlekinkrabben werden ausgerechnet durch die Saponine ihrer Seegurke angelockt[80]. Beim Eingeweidefisch *Encheliophis vermicularis* sind es die beiden Holothurine A und B der *Holothuria leucospilota*[81]. So sind die Abwehrstoffe der Holothurien gleichzeitig auch Lockstoffe für die in ihnen lebenden Fische und Krebse. Beide schlüpfen damit unter einen Schirm, der sie vor ihren Feinden schützt, ohne dass sie selbst in ihre Verteidigung investieren müssen.

Der Ameisenlöwe

Nur selten bekommt man ihn zu Gesicht, dafür aber umso häufiger die trichterförmigen Vertiefungen auf Sandböden. Dort lauert im Zentrum eines solchen Trichters im Sand verborgen der Ameisenlöwe auf seine Beute. Es ist die Larve der Ameisenjungfern (Myrmeleontidae) aus der Ordnung der Netzflügler. Insekten, darunter auch Ameisen geraten auf die Trichterwand und rutschen hinab, was oft auch durch Sandwürfe des Ameisenlöwen gefördert wird. Mit seinen kräftigen Kieferzangen ergreift er seine Beute, der er ein tödliches Gift injiziert (▸ Abb. 15 A, B).

Ameisen können sich durch Sprühen mit Ameisensäure erfolgreich wehren, wenn sie sich bedroht fühlen. Thomas Eisner, der eine Ameise in den Trichter eines Ameisenlöwen setzte, beobachtete, dass diese sofort ergriffen wurde, konnte aber keinen Ameisensäuregeruch feststellen, obwohl er seine Nase tief in den Trichter steckte[82]. Auch Indikator-Papier verfärbte sich nicht, wie es dies bei einem Säurenebel tun würde, während die Ameise versuchte, sich zu befreien.

Tröpfelt man auf den Ameisenlöwen einen Tropfen Ameisensäure, lässt er die Beute sofort los. Offenbar wird die ergriffene Ameise daran gehindert, ihre Säure zu versprühen. Wie eingangs geschildert, beißen Ameisen der Unterfamilie Formicinae erst zu und sprühen dann ihr Gift. Sie sind so programmiert, dass sie zuerst mit ihrem Biss eine Wunde und Eintrittspforte schaffen, in die sie Ameisensäure einbringen. Wenn also der Ameisenlöwe verhindert, dass die Ameise ihn beißt, gerät er auch nicht in Gefahr, mit Ameisensäure besprüht zu werden.

Wie sorgfältig er vermeidet, mit dieser Säure in Kontakt zu kommen, zeigt sich bei der Untersuchung der Reste seiner Mahlzeit. Nachdem er alle Weichteile der Ameise verzehrt hat, bleibt die mit Ameisensäure gut gefüllte Giftblase völlig unversehrt zurück[82].

Der Monarch

Aufgeregt kam unsere Tochter Heike in unser Ferienhaus am Strand im Norden Floridas gerannt: „Draußen fliegen viele Schmetterlinge!" Es war Spätherbst und in der Tat flogen Tausende von Schmetterlingen in einem nicht enden wollenden Strom aufs Meer hinaus, ein überwältigendes Erlebnis. Einige ließen sich auf herumliegende Cola-Dosen nieder und saugten ein wenig des klebrigen Saftes auf. Es waren Monarchfalter (*Danaus plexippus*), die auf ihrem langen Flug von Kanada und USA ihre Winterquartiere in den Vulkanbergen der Sierra Madre in Mexiko aufsuchen (▸ Abb. 16 A). Sie fliegen aber nicht übers Meer nach Mexiko, sondern folgen der Küste des Golfes von Mexiko.

In über 3000 m Höhe sammeln sich die Schmetterlinge in kleinen Waldarealen von nicht mehr als 25 ha. Millionen Falter bedecken die Stämme der Nadelbäume und hängen in dichten Trauben an deren Zweigen (▸ Abb. 16 B). Sie überwintern hier bei Temperaturen, die selten unter 5 °C fallen. An manchen Wintertagen flattern sie in der Morgensonne zu Tausenden umher und lassen sich an Bächen nieder, um Wasser aufzusaugen. Wenn im Frühjahr die Tage länger werden und die Temperaturen steigen, wiederholt sich das Phänomen: Sie brechen zu einer langen Reise nach Norden auf, verteilen sich über den nordamerikanischen Kontinent und pflanzen sich fort. Erst die dritte oder vierte Generation der Falter tritt im August/September den Weg nach Süden an[83].

Den Monarchfalter zeichnet aber noch eine weitere Besonderheit aus. Die Weibchen legen ihre winzigen Eier auf die Blätter von Seidenpflanzengewächsen (Asclepiadoideae, eine Unterfamilie der Hundsgiftgewächse, Apocynaceae), von denen sich die ausschlüpfenden Raupen ernähren. Gleichzeitig nehmen sie damit hohe Konzentrationen von Cardenoliden auf, Herzglykosiden wie Calotropin und Calactin, die diese Pflanzen auszeichnen. Diese Stoffe sind üblicherweise hoch giftig und blockieren die in der Zellmembran verankerte Na^+/K^+-ATPase, eine Ionenpumpe, die Natrium-Ionen aus der Zelle heraus und Kalium-Ionen in die Zelle hineinbefördert. Sie hält damit das Ruhepotenzial besonders von Nerv- und Muskelmembranen aufrecht.

Die Raupe des Monarchfalters zeigt allerdings keinerlei Auffälligkeiten, obwohl sie mit Cardenoliden aus ihrer Nahrung förmlich überschwemmt wird. Sie ist diesen Toxinen gegenüber in hohem Maße resistent (▸ Abb. 17 A). Dies ist darin begründet, dass an der Stelle ihrer Na^+/K^+-ATPase, an der Cardenolide binden und das Enzym dadurch blockieren, zwei Aminosäuren ausgetauscht sind – was zur Folge hat, dass Cardenolide dort nicht andocken können[84, 85, 86]. Dies ermöglicht der Raupe, sich eine zwar giftige, damit aber fast konkurrenzfreie Nahrungsquelle zu erschließen. Darüber hinaus speichert sie die Cardenolide und gibt sie über das Puppenstadium an den Falter weiter, der auf diese Weise giftig wird. Dies hat Tadeus Reichstein, der 1950 für die Entdeckung der Nebennierenrinde-Hormone den Nobelpreis erhielt, 1968 nachgewiesen, wohl angeregt von seiner Koautorin Miriam Rothschild, einer in England hochangesehenen Amateur-Entomologin[87]. Auch der Falter ist natürlich durch seine modifizierte Na^+/K^+-ATPase vor einer Vergiftung geschützt und besitzt damit ein wirksames Verteidigungsmittel gegen seine Fressfeinde, überwiegend Vögel. Denn schnappt sich ein Vogel den Monarchfalter und verschlingt ihn, lösen die Cardenolide bei ihm Erbrechen aus. Diesen Effekt hatten Jane und Lincoln Brower erstmalig bei Eichelhähern beobachtet, denen sie die Falter als Nahrung anboten[88]. Aus dieser Erfahrung lernten die Vögel, den ungenießbaren Monarch fürderhin zu meiden; die markante Flügelzeichnung erleichtert dabei das Erkennen des Falters.

Dieses klassische Beispiel einer erfolgreichen Anpassung an giftige Pflanzenprodukte wird dadurch ergänzt, dass die Raupe es geschickt vermeidet, mit dem klebrigen Milchsaft ihrer Nahrungspflanzen in Kontakt zu kommen. Denn dieser würde ihre Kauwerkzeuge verkleben und sie müsste unweigerlich verhungern. Hierzu beißt sie in die Adern eines Blattes, durchtrennt sie und lässt den weißen Milchsaft abfließen. Danach kann sie gefahrlos das Blatt verzehren[89] (▸ Abb. 17 B).

... und sein Vizekönig

Für das ungeübte Auge sehen beide fast gleich aus, der Monarch (*Danaus plexippus*) und der Vizekönig (*Limenitis archippus*). Ihr Verbreitungsgebiet im Osten Nordamerikas ist praktisch identisch. Im Gegensatz zum Monarch ist der Vizekönig allerdings ungiftig und schlüpft unter dessen Schutzschirm – ein klassisches Beispiel der sogenannten Bates'schen Mimikry, bei der das giftige Modell vom ungiftigen perfekt nachgeahmt wird.

Auch sind nicht alle *Danaus*-Arten giftig, selbst der Monarch ist es nicht immer. Das liegt daran, dass sie als Raupen entweder Pflanzen verzehrt haben, die nur wenig oder gar nichts an Cardenoliden enthielten, oder dass sie die Cardenolide nur in geringem Umfang speichern. Doch auch sie profitieren davon, dass sie dem (giftigen) Monarch in ihrem Erscheinungsbild ähnlich sind und somit von Fressfeinden gemieden werden. Man definiert dies zwar als sogenannte Müller'sche Mimikry, aber beide Formen, Bates'sche und Müller'sche Mimikry, gehen hier ineinander über[83, 90]. Auch spricht man in diesem Zusammenhang von Automimikry, wenn sich dies innerhalb der eigenen Art abspielt, wenn etwa nur ein Teil der Population giftig ist.

Die chemische Verteidigung der Monarchfalter ist jedoch nicht immer erfolgreich. Vor allem an ihren Überwinterungsplätzen in Mexiko sind es Vögel wie die Schwarzrücken-Stare (*Icterus abeillei*) und Schwarzkopf-Gimpel (*Pheucticus melanocephalus*), die in Schwärmen einfallen und sich über die Falter hermachen. Linda Fink und Lincoln Brower[91] schätzten, dass die Mortalitätsrate der Falter an einigen Stellen zu 60 % auf ihr Konto geht. Einerseits sind diese Vögel wohl weniger empfindlich gegenüber den Cardenoliden in den Faltern, andererseits enthält ein erheblicher Anteil der Falter wenig oder sogar gar keine Cardenolide, je nachdem, welche Nahrungspflanze den Raupen zur Verfügung stand.

Doch nicht nur die Raupen des Monarchfalters reklamieren Seidenpflanzengewächse für sich. Blattwanzen (*Oncopeltus fasciatus*, *Lygaeus kalmii*), die den Saft der Pflanze saugen, Blattkäfer (*Labidomera clivicollis*), die im Larven- und Adultstadium Blätter verzehren, und eine Minierfliege (*Liriomyza asclepiadis*), deren Larven ins Blattgewebe eindringen und dort gewundene Fraßgänge hinterlassen, finden sich oftmals in großer Zahl auf den Pflanzen. Bei ihnen allen lässt sich in der Struktur der Na^+/K^+-ATPase eine Mutation nachweisen, die zur Resistenz gegenüber Cardenoliden führt[85].

Dies sind eindrucksvolle Beispiele dafür, dass selbst die sehr wirksame Verteidigungsstrategie einer Pflanze nicht unüberwindlich ist. Zwar wird sie von Säugetieren gemieden, doch bleibt es nicht aus, dass sich im Lauf der Evolution einige Insekten angepasst haben und sie als Nahrungsgrundlage nutzen.

Fritz Müllers Mimikry

Der 68er Generation des letzten Jahrhunderts würde Johann Friedrich Theodor Müller, kurz Fritz genannt, am 31. März 1821 in Windischholzhausen bei Erfurt geboren, zur Ehre gereichen. Nachdem er in Berlin Mathematik und Naturwissenschaften studiert und das Lehrerexamen abgelegt hatte, ihm also eine gesicherte Beamtenlaufbahn offen stand, lehnte er diese ab, da er als Atheist nicht Lehrer in einem christlichen Staat sein wollte. Er studierte anschließend Medizin, beendete sein Studium allerdings ohne Abschluss, weil er die verlangte Eidesformel „so wahr mir Gott helfe" nicht ablegen wollte. Kein Wunder also, dass er auch von der Revolution 1848 enttäuscht war.

1852 wanderte Fritz Müller mit seiner Familie nach Brasilien aus. Man würde ihn heutzutage als Aussteiger bezeichnen. Hier blühte er auf. Er übernahm eine Stelle als Lehrer in Florianopolis, daneben aber wurde er einer der produktivsten Naturforscher seiner Zeit. Charles Darwin, mit dem er seine Erkenntnisse und Beobachtungen austauschte, nannte ihn den „Fürsten der Beobachter".

Die „Müller'sche Mimikry" ist neben der von Henry Walter Bates definierten ein wichtiger Begriff in der Biologie. Ihr liegen Fritz Müllers Untersuchungen zur Mimikry von Schmetterlingen zugrunde. Hierzu führt er 1879 im 5. Band der Zeitschrift *Kosmos* („Zeitschrift für einheitliche Weltanschauung auf Grund der Entwicklungslehre, in Verbindung mit Charles Darwin und Ernst Haeckel sowie einer Reihe hervorragender Forscher auf dem Gebiet des Darwinismus") aus:

Wenn nun zwei ungenießbare Arten [gemeint sind beispielsweise die Passionsblumenfalter, *Heliconius*-Arten] einander zum Verwechseln ähnlich sind, so wird die an einer derselben gemachte Erfahrung [von Fressfeinden] auch der anderen zu Gute kommen; beide zusammen werden nur dieselbe Zahl von Opfern zu stellen haben, die jede einzelne stellen müßte, wenn sie verschieden wären.

Heliconius-Falter weisen mit mehr als 40 Arten in der Tat ein zum Teil sehr ähnliches Flügelmuster auf, beispielsweise einen roten Warnstreifen. Sie alle schrecken durch freigesetzte Blausäure ihre Fressfeinde ab. Bei der gemeinsamen Warntracht machen diese nur einmal die Erfahrung, dass die Schmetterlinge ungenießbar sind. Damit ist gleichsam die gesamte *Heliconius*-Familie geschützt. Während bei der von Fritz Müller definierten Mimikry alle Teilnehmer mehr oder weniger ungenießbar und giftig sind, schlüpfen bei der Bates'schen Mimikry genießbare Falter unter den Schutzschirm der ungenießbaren, d.h. der giftigen (s. Monarch).

Fritz Müller scheint trotz der immensen Zahl von Beobachtungen, die sich in zahlreichen, grundlegenden Publikationen niederschlugen, in Vergessenheit zu geraten. Denn wer unter den jungen Biologen weiß noch etwas mit den „Müller'schen Körperchen" anzufangen (Fruchtkörper, die *Cecropia*-Bäume Ameisen anbieten, worauf diese die Bäume zum Dank gegen Fressfeinde verteidigen und den Bewuchs durch Moose oder Bromelien verhindern) oder kann die Bedeutung der Müller'schen Mimikry für die ökologische Forschung richtig einschätzen?

Fritz Müller war Zeit seines Lebens von den Prinzipien geleitet, keinen fremden Interessen zu folgen und sich nicht unterzuordnen. In Deutschland und England zwar hoch geehrt (zwei Ehrendoktortitel der Universitäten Bonn und Tübingen, Ehrenmitglied der Entomological Society in London), starb er einsam und verarmt am 21.5.1897 in Blumenau, Brasilien.

Gift für die Werbung

Eine Fahrt durch einsames Farmgelände im Norden Namibias. Plötzlich fliegen am Straßenrand hunderte von Schmetterlingen auf, die zuvor auf halb vertrockneten Pflanzen gesessen hatten. Es sind Verwandte des Monarchfalters, *Danaus chrysippus*, die Pflanze erweist sich als eine *Heliotropium*-Art, die Sonnenwende aus der Familie der Rauhblattgewächse. Diese Pflanzen sind reichlich mit Pyrrolizidin-Alkaloiden ausgestattet. Die Männchen der Falter werden durch flüchtige Abbauprodukte dieser Alkaloide angelockt, applizieren mit ihren Saugrüsseln etwas Flüssigkeit auf die vertrockneten Pflanzenteile, lösen damit die Alkaloide und saugen sie anschließend auf.

Pyrrolizidin-Alkaloide sind in enormer Strukturvielfalt in zahlreichen Pflanzen enthalten wie beispielsweise in den erwähnten Rauhblattgewächsen, in Korbblütlern, Hülsenfrüchten oder Hundsgiftgewächsen. Die bitter schmeckenden Alkaloide schrecken grasende Säugetiere, aber auch viele Insekten ab, bis auf einige Ausnahmen, für die sie geradezu eine Attraktion bilden. Diese Pflanzenprodukte sind giftig, jedoch nicht in dem Sinne, dass sie sofort zu einer Vergiftung führen. Vielmehr liegen sie in den Pflanzen als sogenannte Protoxine vor, als weitgehend ungiftige freie Basen und salzartige N-Oxide. Erst nachdem sie aus dem Darm aufgenommen worden sind, wandeln Oxidasen wie die Cytochrom-P450-Oxidase sie in der Leber in toxische Pyrrol-Verbindungen um, die in hohem Maße zellschädigend sind und bei Pferden und Rindern zu schweren Vergiftungen führen. Schafe sind weniger betroffen, da Bakterien in ihrem Verdauungstrakt die Pyrrole durch Oxidation entgiften. Werden Pyrrolizidine häufig, selbst in nur geringem Umfang aufgenommen, beispielsweise in Tee-Zubereitungen, Salatmischungen, pflanzlichen Arzneimitteln und selbst mit Honig, in dem Pollen der entsprechenden Pflanzen enthalten sind, können sie chronische Vergiftungen zur Folge haben, die sich oft erst nach Jahren in Leberschäden, akutem Leberversagen oder Karzinomen manifestieren[92, 93].

Doch zurück zu den Schmetterlingen. Nicht nur als Falter nutzen sie Pyrrolizidin-Alkaloide. Die Raupen vieler Bärenspinner sind auf Pyrrolizidinhaltige Pflanzen spezialisiert, wie der in Mitteleuropa lebende Blutbär (*Tyria jacobaeae*), dessen Raupe überwiegend das Jakobskreuzkraut (*Senecio jacobaea*) als Nahrung nutzt. Die dabei aufgenommenen Alkaloide gibt sie über die Puppe an den Falter weiter, so dass sie in allen drei Entwicklungsstadien enthalten sind. Die Bärenspinner bringen es darüber hinaus noch fertig, stets nur die ungiftigen Protoxine vorzuhalten, indem sie in ihrer Hämolymphe, dem Blut der Insekten, mittels einer Oxygenase die freien Basen in die ungiftigen N-Oxide umwandeln[94].

Allerdings geht es bei den meisten Schmetterlingen, die Pyrrolizidine aufnehmen und speichern, nicht nur darum, sich einen weiteren Schutzschirm zu verschaffen. Vielmehr brauchen sie die Alkaloide dringend als Vorstufen für ihre Balzpheromone, um sich erfolgreich fortzupflanzen. Aus den Pyrrolizidinen produzieren die männlichen Falter Dihydropyrrolizidine wie das Danaidon, das sie während der Balz mit Hilfe eines aus dem Hinterleib ausgestülpten, mit Haaren besetzten Duftpinsels, des sogenannten Androconiums, auf die Fühler des Weibchens übertragen (▸ Abb. 18). Damit signalisieren sie, dass es sich um einen Partner ihrer Art handelt, der auch entsprechend viel Pyrrolizidine enthält. Dies erst führt zum Balzerfolg, denn ohne die Pheromone hat der Falter beim Weibchen keine Chance[95]. Bei der anschließenden Paarung überträgt das Männchen mit seinem Sperma zum Teil erhebliche Mengen von Pyrrolizidinen auf das Weibchen, quasi als Hochzeitsgeschenk, das dieses in die Eier einbaut. Dies mag zum Schutz der Eier, aber auch des Weibchens beitragen.

Der Forstbiologe Michael Boppré hat hierfür den Begriff „Pharmakophagie" geprägt, die gezielte Aufnahme bestimmter Substanzen etwa aus Pflanzen, um sie zur Steigerung der eigenen biologischen Fitness einzusetzen[95, 96]. Der Monarchfalter hat durch diese Methode gleich zwei Verteidigungsstrategien parat: einerseits die Cardenolide, die ihm seine Raupe verschafft hat, andererseits die Pyrrolizidin-Alkaloide, die er sich als Falter selbst holt.

Die trickreiche Fliege Dacus

Ottmar Fischer, Forstbiologe an der Uni Freiburg, war in KwaZulu Natal, Südafrika, auf der Suche nach Raupen von *Danaus chrysippus*, einem nahen Verwandten des Monarchfalters (*Danaus plexippus*), als er eine merkwürdige Entdeckung machte: An Seidenpflanzengewächsen der Gattung *Gomphocarpus*, einer bevorzugten Nahrungspflanze der gesuchten Raupen, sah er auf den fast tennisballgroßen Früchten eine kleine Fliege sitzen, neben ihr ein Tropfen des weißen Milchsaftes, den die Pflanze bei Verletzung abgibt. Seine Aufmerksamkeit war geweckt und bald stellte er fest, dass auf allen Pflanzen in der Nachbarschaft solche Fliegen auf den Früchten saßen, die sie offenbar mit ihrer Legeröhre anbohrten. Größer als die Tau- oder Essigfliege (*Drosophila melanogaster*), wurden sie später als *Dacus fuscatus* aus der Familie der Fruchtfliegen identifiziert.

Wie ein Ballon mit bis zu 7 cm Durchmesser sieht die Frucht dieser Pflanzen aus. Ihre Oberfläche ist unregelmäßig mit borstenähnlichen Haaren versehen, eine umlaufende leichte Einkerbung teilt wie eine Naht die Frucht in zwei Hälften. Schneidet man sie entlang dieser Naht auf, so zeigt sich ihr komplizierter Aufbau (▸ Abb. 19 A). Wie in einem Luftkissen, mit zahlreichen dünnen Fäden mit der Außenhülle, dem Exocarp, verbunden, befindet sich darin die Samenanlage, die als Plazenta bezeichnet wird. Umhüllt von der Samenkapsel, dem Endocarp, reifen die Samen in der Plazenta heran. Die anfangs weichen weißen Samen werden mit zunehmender Reife braun und hart. Gleichzeitig entwickelt sich an jedem Samenkorn ein zarter Seidenflaum, der beim Aufbrechen der inzwischen eingetrockneten Außenhülle dafür sorgt, dass die Samen leicht vom Wind fortgetragen werden. In Afrika und in den Vereinigten Staaten hat man in früheren Zeiten diese Pflanzenseide sogar als Kissenfüllung benutzt.

Mit Ausnahme der Samen enthalten alle Pflanzenteile Latex, eine weiße, klebrige Flüssigkeit, die an der Luft erhärtet, außerdem in recht hoher Konzentration toxische Cardenolide, was in dieser Kombination einen guten Fraßschutz gegen Insekten und Wirbeltiere bildet. Doch auch diese Abwehrstrategie kann durchbrochen werden. So bringt es die Fliege fertig, ihre Eier in die Frucht einzubringen. Hierzu durchbohrt sie zunächst mit der festen Spitze ihrer ansonsten elastischen Legeröhre die Außenhülle der Frucht und lässt die sich teleskopartig bis auf 2 cm verlängernde Röhre in sie hineingleiten (▸ Abb. 19 B). Sie trifft sodann auf das härtere Endocarp der Plazenta, das sie ebenfalls durchdringt. Punktgenau platziert sie ihre Eier in die Samenanlage. Die ausschlüpfenden Fliegenmaden ernähren sich von den weichen Samen, die sie vollständig verzehren. Später verlassen sie die langsam austrocknende Frucht und graben sich im umliegenden Erdreich zur Verpuppung ein. Nach etwa einem Monat schlüpfen die Fliegen.

Wie vermeidet nun die Fliege, beim Anstechen mit ihrer Legeröhre am austretenden Latex klebenzubleiben? Ottmar Fischer konnte beobachten, dass sie durch häufiges Drehen um die eigene Achse die Legeröhre vom Latex befreit. Dass dies nicht immer gelingt, zeigt sich, wenn hin und wieder eine tote Fliege auf einer Frucht feststeckt. Vorher allerdings versucht die Fliege offenbar herauszufinden, ob sich die betreffende Frucht zur Eiablage überhaupt eignet. Minutenlang läuft sie auf der Frucht umher und tastet mit dem Labium, ihrer Unterlippe, die Oberfläche ab. Sind die Samen noch in einem frühen Entwicklungsstadium? War schon eine Artgenossin vorher da, die Eier abgelegt hat? Welche Signale sie hierfür empfängt, ist unbekannt. Vielleicht dienen ihr mehrere weiße Punkte geronnenen Latex auf der Frucht als Hinweis auf frühere Eiablagen. Sicher ist, dass die Samen nicht wiederholt, sondern nur einmalig von einer Fliege mit Eiern belegt werden. Auch leben keineswegs in allen Früchten mit weißen Latex-Punkten Maden: In 18 Früchten, die Fischer untersuchte, waren lediglich in vier Maden enthalten.

Doch wie entgehen die Maden einer Vergiftung durch die pflanzlichen Cardenolide? Ihre Na^+/K^+-ATPase ist, wie auch die von *Drosophila*, nicht gegenüber einer Blockade durch Cardenolide resistent. Vielmehr sorgt die Fliege mit ihrer Eiablage-Technik selbst dafür, dass ihre Nachkommen diesen Giften gar nicht ausgesetzt sind.

Wir haben die einzelnen Teile der Frucht auf ihren jeweiligen Cardenolidgehalt hin untersucht und sind zu erstaunlichen Ergebnissen gekommen. Während das Exo- und Endocarp-Gewebe relativ hohe Konzentrationen dieser Wirkstoffe enthalten, ist in den Samen, ob unreif oder reif, nur verschwindend wenig davon vorhanden. Ein paradoxer Fall, denn gemeinhin ist es im Pflanzenreich umgekehrt. In der Regel sind nämlich gerade die Samen, das wertvollste Produkt einer Pflanze, durch giftige Inhaltsstoffe geschützt. Andererseits aber sind diese hier gleich mehrfach dem Zugriff von Fressfeinden entzogen: durch mehrere Hüllen mit hohem Cardenolidgehalt, die förmlich ein Luftkissen bilden, und klebrigem Latex.

Dieser Verteidigungsstrategie hat sich die *Dacus*-Fliege perfekt angepasst und durchbricht sie, indem sie gezielt ihre Eier in den Teil der Pflanze einbringt, der für die Maden am ungefährlichsten ist, den praktisch ungiftigen und nährstoffreichen Samen. Gleichzeitig verschafft sie ihren Nachkommen ein sicheres Zuhause, in dem sich diese, gut abgeschirmt vor Fressfeinden und Parasitoiden, weitgehend störungsfrei entwickeln können.

Der Staatsanwalt und der Igel

Der Staatsanwalt kam nicht selbst, er schickte einen Referendar. Diesem war aufgetragen, diskret, ohne förmlichen Durchsuchungsbeschluss herauszufinden, ob Professor Mebs in seinem Labor verbotenerweise Versuche an Igeln durchführt. Die Durchsuchung verlief negativ. Weder im Labor noch im Arbeitszimmer des in Verdacht Geratenen waren Spuren zu entdecken, dass hier Igel für Forschungszwecke entfremdet, gar lebend in Käfigen gehalten wurden. Ein eifriger Tierschützer hatte die Strafverfolgungsbehörde informiert, dass im Institut für Rechtsmedizin diesen geschützten Tieren Leid geschehe. Verdachtsmomente gab es wohl genügend, hatte doch Professor Mebs einige Jahre zuvor in einem behördlich genehmigten Projekt fünf Mäuse zu viel getötet, was eine Untersuchung der örtlichen Veterinärbehörde zu Tage brachte. Dies führte zu einer Verhandlung vor dem Amtsgericht mit regem Medieninteresse. Zwar stellte ein einsichtiger Richter schließlich das Verfahren ohne Auflagen ein, aber die Justiz vergisst nichts.

Auch dieses Ermittlungsverfahren blieb ohne Folgen, der Staatsanwalt stellte das Verfahren nach heftigem Protest meinerseits wegen der rüden Vorgehensweise ein. Doch was begründete den Verdacht? In der Tat hatten wir etwas mit Igeln zu tun. Doch der Reihe nach.

Ein Jahr zuvor hatte uns Tamotsu Omori-Satoh aus Tokio geschrieben, dass er gern drei Monate zu uns kommen würde, um mit uns zu forschen. Ich kannte Satoh-san, wie wir ihn nannten (japanisch für: „Herr Satoh"), von früher. Er hatte als Stipendiat der Alexander von Humboldt-Stiftung eineinhalb Jahre an der Universität Gießen erfolgreich gearbeitet. Natürlich waren wir hocherfreut, denn er war einer der führenden Wissenschaftler am National Institute of Infectious Diseases in Tokio (vergleichbar dem Robert Koch-Institut in Berlin), der sich mit Schlangengiften und ihrer Wirkung besonders gut auskannte. So fragten wir uns, als er bei uns eintraf, was wir denn wohl am besten erforschen könnten. Satoh-san hatte sich hauptsächlich mit der gewebszerstörenden, hämorrhagischen Aktivität der Gifte beschäftigt.

Ich erinnerte mich an einen Film über Igel, den ich vor Jahren im Fernsehen gesehen hatte. Er zeigte u. a. den Kampf eines Igels mit einer Kreuzotter, den der Igel gewann – anschließend verzehrte er die Schlange. Im Kampfgetümmel wurde er mehrfach von der Kreuzotter in die Nase gebissen. Eigentlich müsste dies für ihn tödliche Folgen haben, zumindest sollte er eine blutige Nase davontragen. Manche Beobachter gehen davon aus, dass der Igel nach einigen Tagen stirbt. Aber stimmt das? Hatten doch Césaire Phisalix und Gabriel Bertrand schon 1899 nachgewiesen, dass das Blutserum des Igels das Gift von Vipern neutralisiert[97]. Schwedische Forscher hatten später aus seinem Blut ein Protein, ein β-Makroglobulin, isoliert, das verschiedene Proteasen hemmt, darunter auch solche, die im Schlangengift für die hämorrhagische, gefäß- und gewebezerstörende Wirkung verantwortlich sind[98]. Doch trifft das auch für Igel aus dem Rhein-Main-Gebiet zu, einer Gegend, in der es keine Kreuzottern gibt? Mein Vorschlag daher an Satoh-san: Lass uns erforschen, ob der Igel (*Erinaceus europaeus*) gegenüber Schlangengift resistent ist!

Nun verbietet es sich von vornherein, mit Igeln zu experimentieren, denn sie sind streng geschützt. Etwa Blut abnehmen, ausgeschlossen! Aber vielleicht sind auch die Gewebe des Igels mit einem Schutzfaktor versehen. Nun fallen jährlich Hunderttausende von Igeln dem Straßenverkehr zum Opfer, warum die Leichen nicht einsammeln? So fuhren wir frühmorgens die Landstraßen um Frankfurt ab und hatten keine Mühe, plattgefahrene Igel aus der Nacht zuvor einzusammeln (eigentlich hätten wir das auch nicht machen dürfen, denn auch Teile des Igels sind geschützt). Später haben wir tote Igel aus einer Überwinterungsstation („Igelinsel") übernommen, was mir die Anzeige von Tierschützern einbrachte (s. oben).

Blut war bei diesen Tierleichen nicht mehr zu gewinnen, doch ließ sich die Muskulatur präparieren. Wir stellten daraus Extrakte her, die wir gefriertrockneten und die Satoh-san mit nach Tokio nahm, um zu testen, ob sie die hämorrhagischen Proteasen hemmen. Leider sind hierzu Tierversuche unabdingbar, für die ich eine Erlaubnis, vor allem bei meinem Vorleben (fünf Mäuse zu viel!), erst gar nicht beantragte. In Tokio aber konnte Satoh-san in verantwortungsvoller Weise diese Versuche problemlos durchführen. Man stellt hierzu Verdünnungsreihen von Schlangengiften her, die man mit dem Muskelextrakt mischt und injiziert eine geringe Dosis davon in die Rückenhaut von Ratten. Ohne Extrakt verursacht Schlangengift schon innerhalb weniger Stunden eine lokale Blutung als Folge der Zerstörung von Blutkapillaren. Das Gemisch Muskelextrakt/Schlangengift hingegen sollte keine Blutungen verursachen, was ein Beweis für seine hemmende Wirkung wäre. Natürlich ist die Ratte während des Versuches narkotisiert und erleidet keine Schmerzen.

Abb. 1 Zwei Anemonenfische (*Amphiprion ocellaris*, Indonesien) inmitten der Tentakeln einer Seeanemone. Eine dünne Schleimschicht über ihrem Schuppenkleid verhindert, dass sie genesselt werden.

Abb. 2 Der Krebs *Neopetrolisthes maculatus* (Bali, Indonesien) bewegt sich ungestraft im Tentakelkranz einer Seeanemone.

Abb. 3 Diese Nacktschnecke der Gattung *Flabellina* (Indonesien) ernährt sich bevorzugt von Hydrozoenpolypen und Seeanemonen, wobei sie deren Nesselkapseln in den Papillen auf ihrem Rücken speichert und zur Feindabwehr einsetzt.

Abb. 4 Ameisen betrommeln mit ihren Fühlern die Raupe eines Bläuling-Schmetterlings (*Polyommatus bellargus*), was diese veranlasst, einen süßen Saft abzusondern, der die Ameisen besänftigt und von Aggressionen abhält.

Abb. 5 Der Rote Wendelhalsfrosch (*Phrynomantis microps*) aus Westafrika lebt im Bau von Ameisen (*Paltothyreus tarsatus*), die schmerzhaft stechen können. Peptide in seinem Hautsekret schützen ihn vor den aggressiven Ameisen.

Abb. 6 Der Totenkopfschwärmer (*Acherontia atropos*) dringt in Bienenstöcke ein und ernährt sich dort vom Honig. Mit einem Film aus Fettsäuren auf seine Cuticula täuscht er die Bienen, die ihn für einen der Ihren halten.

Abb. 7 Tropische Weberameisen (*Oecophylla*-Arten) versprühen aus ihrer Giftblase 50-prozentige Ameisensäure.

Abb. 8 Der Geißelskorpion *Mastigoproctus giganteus* aus dem Süden der USA versprüht sogar 84-prozentige Essigsäure.

Abb. 9 Ruderfußkrebse injizieren mit ihren Biss ein hoch wirksames Gift.

Abb. 11 Der nordamerikanische Bandfüßer *Apheloria corrugata* wehrt sich mit Blausäure, die er aus Drüsen freisetzt und die er sogar in gewissem Umfang toleriert.

Abb. 12 Das Widderchen oder Blutströpfchen (*Zygaena filipendulae*) enthält in seinem Körper cyanogene Glykoside, aus denen es enzymatisch Blausäure bildet (A). Der Falter ist dem Gift gegenüber bemerkenswert resistent. Auch die Passionsblumenfalter, hier *Heliconius ismenius* aus Südamerika (B), setzen Blausäure frei und sind ein Modell für die Bates'sche und Müller'sche Mimikry.

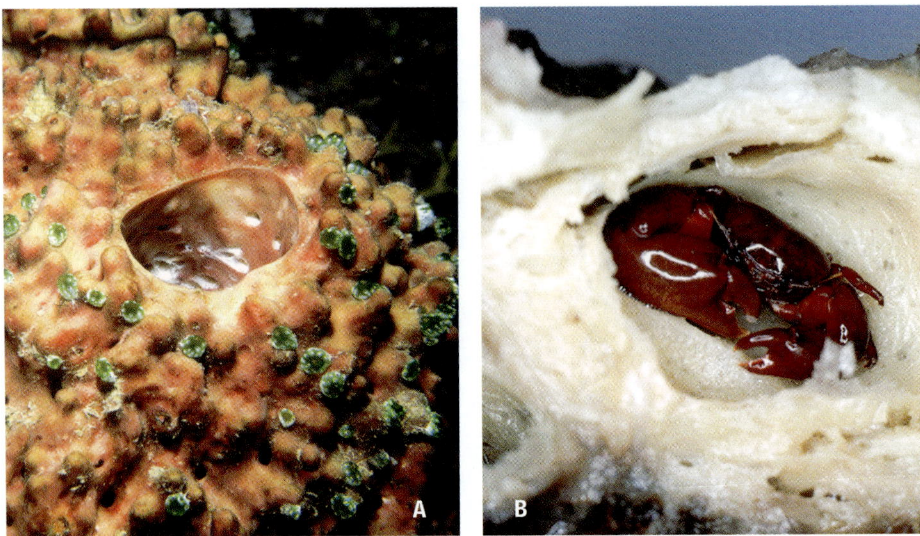

Abb. 13 Der Schwamm *Asteropus sarassinorum* (A) in den Riffen des Pazifiks beherbergt in seinen Kanälen und Kammern zahlreiche Porzellankrebse (*Polyonyx obesolus*, B), die tunlichst vermeiden, ihn zu verletzen, was für sie tödliche Stoffe aus dem Schwamm freisetzen würde.

Abb. 15 Die Larve der Ameisenjungfer (A) aus der Ordnung der Netzflügler wird gemeinhin als Ameisenlöwe bezeichnet. Ameisen, die in seinen Erdtrichter fallen, ergreift er so geschickt, dass sie ihn nicht beißen und keine Ameisensäure versprühen (B).

Abb. 16 Der Monarchfalter (A) hat in seinem Körper Cardenolide gespeichert und ist damit giftig geworden. Er überwintert in Mexiko, wo in dichten Trauben Millionen Falter in einem kleinen Waldareal an den Ästen der Bäume hängen, von wo sie im Frühjahr die Reise in den Norden Amerikas antreten (B).

Abb. 17 Die Raupe des Monarchfalters (*Danaus plexippus*) verzehrt bevorzugt die Blätter von Seidenpflanzengewächsen und speichert die darin enthaltenen toxischen Cardenolide, die sie über das Puppenstadium an den Falter weitergibt (A). Um nicht in Kontakt mit dem klebrigen Milchsaft der Pflanze zu kommen, beißt die Raupe (hier eine verwandte Art, *Danaus chrysippus*, B) in die Adern der Blätter und lässt den Saft ablaufen, bevor sie gefahrlos das Blatt verzehrt.

Abb. 18 Mit einem Duftpinsel, dem Androconium, welches sie bei der Balz aus dem Hinterleib ausstülpen, übertragen die Männchen von *Danaus chrysippus* ein Pheromon, das sie aus den Alkaloiden gebildet haben, auf die Fühler des Weibchens.

Abb. 19 Aufgeschnittene Frucht der Baumwoll-Seidenpflanze (*Gomphocarpus fruticosus*, A). Die innere Samenanlage ist von einer Kapsel, dem Endocarp, umhüllt, und wie in einem Luftkissen durch zahlreiche Fäden mit der Außenhülle, dem Exocarp, verbunden. Endo- und Exocarp enthalten hohe Konzentrationen von Cardenoliden, nicht jedoch die Samen. Das Weibchen der Fruchtfliege *Dacus fuscatus* durchdringt mit seiner langen Legeröhre diese Hüllen und platziert ihre Eier in die Samenanlage (B).

Abb. 22 Die asiatische Tigerwassernatter (*Rhabdophis tigrinus*) speichert in Hautdrüsen, als Verdickung im Nacken zu erkennen, das Gift der Kröten, die sie verzehrt hat, und nutzt es zur Verteidigung. Sie selbst toleriert Krötengift problemlos.

Abb. 23 Am Steilufer der Flüsse im Tambopata-Nationalpark Perus verzehren Aras tonhaltige Erde.

Abb. 24 Ein Bonobo (*Pan paniscus*) im Kongo, der gerade die rote Erde eines Termitenhügels verzehrt hat. Wie viele Menschenaffen bindet er damit giftige Inhaltsstoffe seiner Pflanzennahrung.

Abb. 25 Der Rauhäutige Molch (*Taricha granulosa*) aus dem Westen Nordamerikas enthält zum Teil hohe Konzentrationen von Tetrodotoxin (A). Trotzdem wird er von Strumpfbandnattern (*Thamnophis sirtalis*) verzehrt (B). Bei ihnen sind die Natriumkanäle, die normalerweise durch das Toxin blockiert werden, diesem gegenüber unempfindlich.

Abb. 26 Der Grünliche Wassermolch (*Notophthalmus viridescens*) aus dem Osten Nordamerikas ist in seiner Jugendform knallgelb bis orange gefärbt und enthält ebenfalls Tetrodotoxin (A). Trotzdem fällt er der räuberischen Chinesischen Gottesanbeterin (*Tenodora sinensis*) zum Opfer (B).

Abb. 27 Der südamerikanische Pfeilgiftfrosch *Phyllobates terribilis* enthält bis zu 2 mg des hoch giftigen Alkaloids Batrachotoxin. Seine Natriumkanäle, ein Angriffsziel des Toxins, sind in hohem Maße diesem gegenüber resistent.

Abb. 28 Bienenfresser (*Merops apiaster*, hier im Überwinterungsquartier in Namibia) entgiften und „entstacheln" ihre Beute – Bienen, Wespen und Hornissen – durch Reiben an einem Ast.

Abb. 29 Krötenechsen (*Phrynosoma coronatum*, A) in Nordamerika und der Dornteufel (*Moloch horridus*, B) in Australien sind ausschließlich auf Ameisen als Nahrung spezialisiert.

Abb. 30 Die Grashüpfermaus (*Onychomys torridus*) in Nordamerika verzehrt bevorzugt Skorpione und ist gegen deren Gift, vor allem gegen dessen Schmerzwirkung, resistent.

Abb. 31 Der australische Taipan (*Oxyuranus scutellatus*) besitzt eines der aktivsten Schlangengifte.

Abb. 32 Die Beute der südamerikanischen Mussurana (*Clelia clelia*) besteht ausschließlich aus Schlangen, darunter auch der in Brasilien besonders gefürchteten Jararaca (*Bothrops jararaca*). Ihre Resistenz Schlangengift gegenüber hat sie berühmt gemacht und man hat ihr im Fries über dem Eingang des Butantan-Instituts in São Paulo ein Denkmal gesetzt.

Abb. 33 Der Indische Mungo (*Herpestes edwardsii*) scheut keinen Kampf mit einer Kobra, gegen deren Gift er resistent ist.

Abb. 34 Auch das nordamerikanische Opossum (*Didelphis virginiana*) ist gegenüber Schlangengift in hohem Maße resistent.

Abb. 35 Die australischen Koalas nehmen als Nahrung nur *Eucalyptus*-Arten mit sehr wenig giftigen Stoffen an.

Abb. 36 Giraffen meiden Akazienbäume, deren Blätter einen hohen Tanningehalt aufweisen.

Abb. 37 Blattschneiderameisen, *Atta-* oder *Acromyrmex*-Arten, legen in ihrem Bau mit gesammelten und zerkauten Blattstücken Pilzgärten an; mit Hilfe der Pilze entgiften sie ihre Nahrung.

Unterstützung bot uns auch Charly, der Cockerspaniel meiner Tochter, der uns bei seiner Suche nach Feldmäusen einen halbtoten Maulwurf (*Talpa europaea*) präsentierte. Weiterhin konnte ich einer Katze aus der Nachbarschaft gerade noch eine Hausspitzmaus (*Crocidura russula*) entlocken, bevor sie damit verschwand. Nachdem wir den Maulwurf von seinen Leiden erlöst hatten (wieder mal unerlaubt, denn auch er steht unter Naturschutz!), die Spitzmaus war eh schon tot, wurden von beiden Muskelproben entnommen und deren Extrakte ebenfalls auf die beschriebene Weise getestet.

Schon bald teilte uns Satoh-san aus Tokio mit, dass sich der Extrakt aus der Igelmuskulatur als äußerst wirksam gegenüber einer Reihe von Schlangengiften erwiesen habe. Nicht nur die hämorrhagische Aktivität des Giftes der Kreuzotter wird gehemmt, sondern auch die afrikanischer Puffottern (*Bitis*-Arten), einer nordamerikanischen Klapperschlange (*Crotalus horridus*), einer asiatischen Grubenotter (*Deinagkistrodon halys blomhoffi*) und südamerikanischer Lanzenottern (*Bothrops*-Arten), allen voran der berüchtigten Jararaca (*Bothrops jararaca*)[99]. Darüber hinaus zeigten sich auch die Muskelextrakte von Maulwurf und Spitzmaus gegenüber dem Gift der Jararaca, dessen hämorrhagische Protease wir als Standard benutzten, als höchst aktiv[100].

Eigentlich kein Wunder, denn alle drei, Igel, Maulwurf und Spitzmaus, gehören zu den Insektenfressern, der ältesten Gruppe der höheren Säugetiere. Der Igel erschien in der Kreidezeit von ca. 130 Millionen Jahren, Maulwurf und Spitzmaus vor mehr als 50 Millionen Jahren. Vielleicht haben sie bereits in der Zeit, in der Reptilien die Fauna dominierten, ihre Resistenz entwickelt, um sich schon damals vor Giftschlangen zu schützen – eine Eigenschaft, die sie bis auf den heutigen Tag bewahrt haben. Sie ist angeboren und nicht Ergebnis einer aktiven Immunisierung. Denn obwohl es in Frankfurts Umgebung keine Giftschlangen gibt, sind diese Vertreter der Ursäugetiere gegen deren Gift bestens gerüstet.

Die weitere Analyse des Schutzfaktors im Muskelextrakt des Igels hielt einige Überraschungen bereit. Es zeigte sich nämlich, dass es sich um ein ungewöhnlich großes Protein mit einer Molekülmasse von etwa einer Million Dalton handelt[101]. Entsprechend dem Gattungsnamen des Igels, *Erinaceus*, gaben wir ihm den Namen Erinacin. Das Protein setzt sich aus insgesamt 30 kleineren Untereinheiten zusammen, die zum Teil durch Schwefelbrücken miteinander verbunden sind: 10 α-Untereinheiten mit 37 000 und zwei Decameren (Komplexe mit jeweils 10 Proteinen) von β-Untereinheiten mit 35 000 Dalton Molekülmasse. Die beiden Decamere erinnern im elektronenmikroskopischen Bild an einen Blumenstrauß oder an ein Bündel von Luftballons. α- und β-Untereinheit sind in ihrer Aminosäuresequenz fast identisch. Sie setzen sich strukturell jeweils aus drei Teilen, sogenannten Domänen, zusammen, die dem Kollagen und Fibrinogen ähnlich sind. Erinacin ist somit vollkommen verschieden von den Proteinen im Blut von Mungo und Opossum (s. Kapitel: Rikki und seine Brüder). Es hemmt im Verhältnis 1 : 1 sehr effektiv die hämorrhagischen Proteasen im Schlangengift.

Erstaunlicherweise gibt es im Blut des Menschen ganz ähnliche Proteinkomplexe, die man als Opsonin und Ficolin bezeichnet. Sie werden als Abwehrstoffe gegen Fremdorganismen wie eingedrungene Krankheitserreger angesehen und bilden die erste Verteidigungslinie, noch bevor das Immunsystem reagiert. Allerdings hemmen sie nicht die Schlangengift-Enzyme; das würde uns sonst die Probleme mit den Giftschlangen ersparen.

Kobra und Igel

Auch der Igel ist gegenüber den Neurotoxinen etwa aus dem Gift der Kobra gut geschützt. Seine Acetylcholin-Rezeptoren an den motorischen Endplatten sind durch den Austausch zweier Aminosäuren so modifiziert, dass die Neurotoxine dort nicht mehr binden können und damit die Erregungsübertragung intakt bleibt[102] (s. a. Seite 118). Zwar gibt es bei uns keine Kobras und Kraits mehr, doch waren sie im Miozän vor mehr als 20 Millionen Jahren auch im Rhein-Main-Gebiet vertreten, wie Fossilfunde bei Oppenheim im Mainzer Becken belegen[103]. Der Igel dürfte ihnen zu dieser Zeit durchaus begegnet sein und hat möglicherweise so manchen Kampf mit ihnen ausgefochten, den er wohl unbeschadet überstanden hat.

Auch der afrikanische Honigdachs (*Mellivora capensis*) schützt sich auf diese Weise vor einer Vergiftung durch den Biss einer Kobra, die er mit großem Eifer attackiert[104]. Zur allgemeinen Überraschung aber kam bei weiteren Untersuchungen heraus, dass das Hausschwein (*Sus scrofa*) die gleichen Veränderungen in seinen Acetylcholin-Rezeptoren aufweist wie Igel und Honigdachs. Es ist damit wohl auch dem Gift gegenüber resistent. Albert Calmette[105], der berühmte französische Arzt, der als Erster in Indochina ein Antiserum gegen Schlangengift durch Immunisierung von Pferden entwickelte – eine Methode, die auch heute noch fast unverändert angewandt wird –, hatte dies schon früher vermutet:

Während meines Aufenthaltes in Indochina injizierte ich einem Ferkel unter die Rückenhaut Kobragift in einer Dosis, die einen kräftigen Hund töten würde (10 mg). Das Tier überlebte, aber ich tendiere eher zu der Annahme, dass es sich hier nicht um eine echte Immunität handelt.

Vielmehr nahm Calmette an, dass die dicke, wenig durchblutete Speckschicht des Schweins die Resorption des Giftes behinderte. Er wies anschließend auch nach, dass das Serum des Schweins Kobragift nicht neutralisiert. Allerdings gehört das Schwein in der Tat zu den Tieren, die sich bedenkenlos über Kobras, Kraits oder Mambas hermachen können, ohne eine tödliche Vergiftung zu erleiden.

Giftige Stacheln und Haare

Noch etwas zum Igel. Manchmal bestreicht er seine Rückenstacheln mit Speichel, nachdem er eine Erdkröte (*Bufo bufo*) erbeutet und deren hinter den Ohren gelegene Parotoiddrüsen zerkaut hat[106]. Man nimmt an, dass er damit die Abwehrfunktion seiner Stacheln verstärken will, denn die toxischen Inhaltsstoffe (Bufadienolide) im Hautsekret der Kröte bewirken etwa bei Hunden sofortige Abkehr, starkes Speicheln und heftiges Niesen. Die Na^+/K^+-ATPase des Igels, die Ionenpumpe in der Zellmembran, ist vor dem Gift geschützt. Durch den Austausch von zwei Aminosäuren an der Stelle, an der die Kröten-Toxine normalerweise binden, ist sie diesen gegenüber unempfindlich geworden[107]. So kann sich der Igel ungestraft auch über Kröten hermachen.

Widerstandsfähiger Insektenfresser

Überhaupt scheint der Igel ein Meister darin zu sein, mit den unterschiedlichsten Giften zurechtzukommen, nicht nur dem von Schlangen und Kröten. Es macht ihm offenbar nichts aus, wenn in seiner Insektenmahlzeit auch ein Ölkäfer vertreten ist, der bis zu 11 mg des Toxins Cantharidin enthalten kann. 10 bis 60 mg dieser Substanz können für einen Menschen tödlich sein. Wie es der Igel schafft, ohne Vergiftung davonzukommen, ist noch ein Rätsel.

Abb. 20 Die afrikanische Mähnenratte (*Lophiomys imhausi*) zerkaut Wurzeln und Zweige von Hundsgiftgewächsen (*Acokanthera*-Arten) und trägt den Speichelbrei, der Cardenolide enthält, auf die weißen Haare ihrer Seitenstreifen auf, um Feinde damit abzuschrecken.

Die in Ostafrika beheimatete, immerhin 30 cm große Mähnenratte (*Lophiomys imhausi*)[108] schreckt ihre Feinde durch ein eindrucksvolles Drohverhalten ab: Sie knirscht mit den Zähnen und sträubt ihre langen, borstigen Haare auf dem Rücken zu einem Kamm (▸ Abb. 20). Doch sie verfügt noch über eine weitere Abwehrstrategie, bei der sie Gift einsetzt. Hierzu zerkaut sie Zweige und Wurzeln von Hundsgiftgewächsen aus der Gattung *Acokanthera*, vermischt den Brei mit Speichel und trägt ihn anschließend auf die weißen Haare ihrer Seitenstreifen auf. Diese Haare zeichnen sich dadurch aus, dass sie hohl und mit zahlreichen Löchern versehen sind. Das Pflanzen-Speichel-Gemisch nehmen diese Haare wie ein Schwamm auf.

Acokanthera-Arten sind Giftpflanzen und enthalten Cardenolide wie das Ouabain, das in Struktur und Wirkungsweise dem Digitoxin sehr ähnlich ist. Diese Pflanzen werden in Afrika häufig zur Bereitung von Pfeilgift genutzt. Greift ein Schakal die Mähnenratte an, so kommt er leicht mit den Haaren an den Seiten in Kontakt, Ouabain wird frei und schreckt ab. Es ist unbekannt, wie sich die Mähnenratte selbst vor einer Vergiftung schon beim Zerkauen der Pflanzenteile schützt. Wahrscheinlich ist auch ihre Ionenpumpe soweit modifiziert, dass die Pflanzengifte ihr nichts anhaben können. Doch nicht allein auf diese Abwehrmethode verlässt sich die Mähnenratte. Ihre Haut ist besonders dick, ihr Schädel ist mit dicken Knochenplatten versehen und die Wirbelsäule trägt nur kurze Spinalfortsätze, was sie sehr kompakt und widerstandsfähig macht.

Krumm und grau, krieche Kröte

Mit diesem Spruch verwandelt sich Alberich im bereits erwähnten *Rheingold* in eine Kröte, was allerdings schlecht für ihn ausgeht, denn Wotan und Loge nehmen ihn anschließend leicht gefangen.

Rubio war der Star des Dortmunder Zoos: ein Südamerikanischer Seebär (*Arctocephalus australis*), der als Albino auf die Welt kam. Die Sonne mied er, denn das Licht schmerzte seinen Augen. Neugierig war er trotzdem, interessierte sich für alles, was in seiner Umwelt geschah. Dies wurde ihm offenbar zum Verhängnis, denn im April 2013 fand man ihn tot in seinem Gehege. Sein Magen enthielt zwei angedaute Erdkröten (*Bufo bufo*), wie die Obduktion ergab. Diese hatten wohl sein Schwimmbecken aufgesucht, um dort zu laichen. Für Rubio waren sie neu, vielleicht hat er mit ihnen gespielt, sie ins Maul genommen und heruntergeschluckt[109]. Das giftige Hautsekret der Kröten führte zu seinem Tod durch Herzstillstand.

Ähnlich wie dem Seebären kann es Hunden ergehen, wenn sie eine Kröte verzehren. Tierärzte sind mit diesem Problem nicht selten konfrontiert[110]. Andererseits aber machen sich verschiedene Säugetiere über Kröten her, ohne selbst Schaden zu nehmen. Marder wie der Iltis und das Mauswiesel, der Fuchs, vor allem aber der sich inzwischen auch in Deutschland rasch ausbreitende Waschbär zählen zu den Krötenjägern. Gerade Waschbären haben herausgefunden, dass man leicht an Kröten kommt, wenn diese auf ihren Wanderungen am Überqueren von Straßen durch Krötenzäune gehindert und dafür in Eimer geleitet werden, in denen sie von den Naturschützern über die Straße getragen werden. Oft genug sind die Eimer leer, nachdem Waschbären sie inspiziert haben. Auch Wildschweine sollen sich an solchen Aktionen beteiligt haben.

In den Laichgewässern der Kröten kommt es regelmäßig zu Massenansammlungen. Überall quakt es und oft umklammern mehrere Männchen ein einzelnes Weibchen, lange Laichschnüre durchziehen das Wasser. Doch plötzlich tauchen Krähen auf, schnappen sich eine Kröte und fliegen davon, wenn sie sie nicht gleich vor Ort auseinandernehmen. So geisterten im Frühjahr 2005 Berichte über „explodierende Kröten“ durch die Presse. Am Rande eines Tümpels bei Hamburg fand man an die 1000 tote Erdkröten, die regelrecht aufgeplatzt schienen. Krähen und auch Möwen gerieten in Verdacht, dass sie die Kröten gezielt aufgepickt hätten, um nur die Leber zu verspeisen, die Haut mit ihren Giftdrüsen meidend. Allerdings ist die Leber der Kröten keineswegs giftfrei. Zwar enthält sie nur halb so viel Toxine wie die Haut[111],

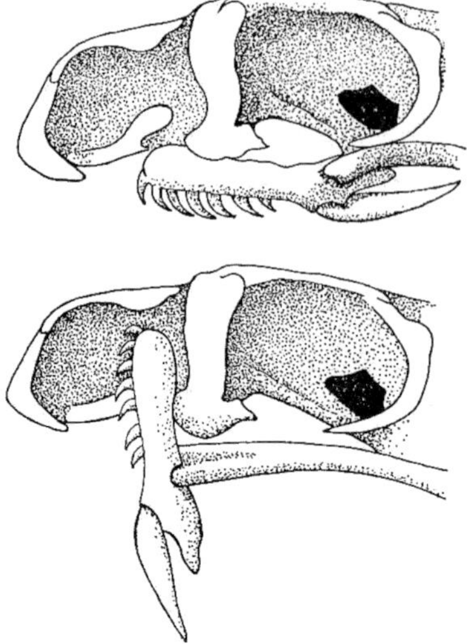

Abb. 21 Südamerikanische Hakennasennattern (*Xenodon*-Arten) besitzen einen extrem beweglichen Oberkiefer, den sie so weit nach vorne drehen können, dass sie mit Hilfe des vergrößerten Zahnes bei einer aufgeblähten Kröte die Luft aus der Lungen entweichen lassen, was deren Verzehr erleichtert[112].

doch müssen die Vögel wie auch Waschbär, Fuchs und Iltis es irgendwie schaffen, mit der Giftigkeit zurechtzukommen. Doch dazu später.

Der Verzehr von Kröten ist unter Schlangen keineswegs selten. Selbst die einheimische Ringelnatter (*Natrix natrix*) hat neben Fröschen auch Kröten auf ihrem Speiseplan. Doch es ist nicht immer leicht, eine Kröte zu bewältigen. Wird sie attackiert, bläst sie sich gewaltig zu mehr als Tennisballgröße auf. Südamerikanische Hakennasennattern (Gattung *Xenodon*) aber überwinden auch dieses Hindernis. Sie besitzen einen extrem beweglichen Oberkiefer, das Maxillare, an dessen hinterem Ende ein deutlich vergrößerter Zahn sitzt (▸Abb. 21). Durch eine Drehung des Maxillare wird er weit nach vorne gestellt. Beim Zubeißen wirkt er förmlich als Dolch, sticht in die aufgeblasene Kröte, so dass die Luft aus den Lungen entweicht und die auf Normalmaß gebrachte Beute anschließend problemlos verzehrt werden kann[112].

Eine Kröte schlucken

Eigentlich sind Kröten recht gut vor Fressfeinden geschützt. Ihre Haut ist mit Drüsen reich bestückt, darunter auch die beiden wulstigen Parotoiddrüsen hinter den Ohren, aus denen auf Druck ein weißliches, klebriges Sekret austritt. Es enthält Bufadienolide wie das Bufalin und das Bufotoxin, die in Struktur und Wirkungsweise mit dem klassischen Herzglykosid Digitoxin im Fingerhut (*Digitalis purpurea*) verwandt sind. Auch sie blockieren die in der

Zellmembran verankerte Na^+/K^+-ATPase. Ihre Blockade führt am Herzen zunächst zur Steigerung der Kontraktionskraft und zur Verlangsamung der Schlagfrequenz (was der Zweck bei der medizinische Anwendung von Digitalis-Glykosiden ist), bei höheren, d.h. toxischen Konzentrationen jedoch zum Herzstillstand.

Gift für den Nachwuchs

Die Tigerwassernatter *Rhabdophis tigrinus*, ebenfalls eine Krötenfresserin, geht sogar so weit, dass sie das Gift ihrer Beute zur Verteidigung nutzt. Im Nacken besitzt sie Hautdrüsen, sogenannte Nuchaldrüsen, aus denen sie bei Bedrohung Sekret absondert, das Krötengift enthält (▸Abb. 22). Anfangs war man skeptisch, ob die Schlange eventuell vielleicht doch die Bufadienolide selbst synthetisiert. Es zeigte sich jedoch, dass auf der japanischen Insel Kikasan, auf der es keine Kröten gibt, die Schlangen diese Substanzen nicht in ihren Drüsen enthalten[113, 114]. Füttert man sie allerdings mit Kröten, so sammelt sich in ihren Nuchaldrüsen Krötengift. Die Weibchen versorgen sogar ihre Nachkommen mit dem Gift. Wenn diese aus dem Ei schlüpfen, enthalten ihre Drüsen ähnlich hohe Bufadienolid-Konzentrationen wie die ihrer Mutter. Sie können selbst im Ei noch die Substanzen aufnehmen, denn trägt man das Gift auf die Eischale der Nachkommen von Müttern auf, die keine Kröten gefressen haben, so diffundiert es durch die Schale und wird vom Embryo aufgenommen und in der Nuchaldrüse deponiert. Auf dem Weg dahin werden die Bufadienolide sogar chemisch verändert, was zumindest teilweise ihre Toxizität reduziert.

Ringelnatter und Tigerwassernatter können mit den Bufadienoliden gefahrlos umgehen. In ihrer Na^+/K^+-ATPase sind an der Bindungsstelle für diese Toxine zwei Aminosäuren ausgetauscht, was das Andocken der Giftmoleküle an die Ionenpumpe verhindert und die Schlangen für Bufadienolide unempfindlich macht[107]. Dies schließt auch eine Reihe weiterer Schlangen ein, die hin und wieder Kröten fressen, beispielsweise selbst Kobras (*Naja naja*, *Naja melanoleuca*) und afrikanische Puffottern (*Bitis arietans*, *Bitis nasicornis*), aber auch afrikanische und asiatische Warane (Gattung *Varanus*), bei denen Kröten durchaus zum Beutespektrum gehören. Hingegen ist die Na^+/K^+-ATPase der australischen Warane den Bufadienoliden gegenüber nicht resistent. Man nimmt an, dass diese Echsen, die vor mehr als 50 000 Jahren über die Landbrücke, die Asien mit Australien verband, eingewandert sind und dort einen Erdteil ohne Kröten angetroffen haben; sie haben sich dort zurückentwickelt, was die ursprüngliche Resistenz ihrer Ionenpumpe angeht[115].

Besonders dramatisch hat sich dies gezeigt, nachdem 1935 die südamerikanische Agakröte (*Bufo marinus*, neuerdings *Rhinella marina*) in Australien eingeführt wurde, um sie in den Zuckerrohrfeldern Nord-Queenslands zur biologischen Schädlingsbekämpfung einzusetzen. Dort hat sie sich mangels natürlicher Feinde enorm vermehrt. Sie hat sich inzwischen im Northern Territory und entlang der Ostküste bis fast nach New South Wales hinein ausgebreitet. Die meisten in Frage kommenden Fressfeinde wie Schlangen, große Skinke, Warane, Krokodile oder Beuteltiere überleben eine Vergiftung durch das Kröten-Hautsekret nicht. Doch erstaunlicherweise haben viele der Amphibienfresser inzwischen gelernt, die Kröte zu meiden und entwickelten eine deutliche Aversion ihr gegenüber[116]. Die Befürchtung, die Kröte würde zum Verschwinden einheimischer Tiere beitragen, hat sich somit nicht bestätigt. Nur eine der australischen Schlangen verzehrt neben Fröschen auch problemlos die Kröten: die Kielrücken-Wassernatter, *Tropidonophis mairii*. Sie hat ihre Toleranz dem Krötengift gegenüber allerdings nicht infolge der Kröteninvasion erworben, sondern es ist ein Erbstück ihrer asiatischen Vorfahren[117].

Probleme könnte es aber in anderen Ländern geben, die bisher (noch) krötenfrei sind, wie Madagaskar und die Komodoinsel Indonesiens[118]. So wäre der alles verschlingende Komodowaran (*Varanus komodoensis*) bei einer ähnlichen Kröteninvasion wie in Australien in seiner Existenz sicher gefährdet[119].

Vor einer Vergiftung durch ihr eigenes Hautsekret schützen sich Kröten ebenfalls durch die Modifikation ihrer Na^+/K^+-ATPase [107, 120]. Wie erwähnt, trifft dies auch beim Igel zu, der einer Krötenmahlzeit keineswegs abgeneigt ist. Auch für die erwähnten anderen Säuger, die sich gern über Kröten hermachen, muss ein ähnlicher Schutz gegeben sein.

Mäuse haben mit Kröten gemeinhin zwar nichts im Sinn, doch können sie ungestraft Pflanzen verzehren, die Herzglykoside enthalten. Auch ihre Natrium-Kalium-Pumpe ist gegenüber diesen Toxinen unempfindlich. So finden Mäuse in den Überwinterungsgebieten des Monarchfalters einen reich gedeckten Tisch, obwohl der Falter von anderen Feinden wie Vögeln gerade wegen seines hohen Gehalts an Herzglykosiden gemieden wird[121]. Erstaunlicherweise findet sich bei einem Frosch aus Südamerika, *Leptodactylus latrans*, genau der gleiche Aminosäuren-Austausch in der Na^+/K^+-ATPase wie bei den Mäusen, was es ihm erlaubt, sich hin und wieder eine Kröte zu schnappen.

Die südamerikanische Wasserschlange *Liophis epinephalus* übertrifft jedoch alle. Auch sie ist auf Amphibien als Beute spezialisiert, wobei sie nicht wählerisch ist: Sie verzehrt Kröten, die neben Bufadienolide sogar Tetrodotoxin (s. Seite 98) enthalten wie die Stummelfußfrösche (sie sind trotzdem Kröten aus der Gattung *Atelopus*), außerdem Pfeilgiftfrösche (Familie Dendrobatidae), die in ihrem Hautsekret mit einer Fülle toxischer Alkaloide (s. Seite 102), darunter auch mit dem hochgiftigen Batrachotoxin, ausgestattet sind[122]. Wie sie es schafft, diese Toxine mit ihrer sehr unterschiedlichen Struktur und Wirkungsweise (herzaktive Bufadienolide sowie Alkaloide, die Ionenkanäle blockieren bzw. aktivieren) zu überleben, ist ein spannendes Forschungsthema.

Gefährlicher Rausch

Dass der Mensch Krötengift nicht verträgt, mussten australische Drogenjunkies erfahren, die sich einen Sud aus Häuten von Agakröten bereitet hatten und tranken. Sie hatten gehört, dass im Sekret eine Substanz sei, die „high" mache. In der Tat hat das im Gift enthaltene Bufotenin, ein Indolalkylamin, eine halluzinogene Wirkung. Die experimentierfreudigen Australier waren sich allerdings wohl nicht bewusst, dass sie im Sud mit Bufotenin auch Bufotoxin extrahiert hatten, was sie nur knapp überlebten und was ihnen einen mehrwöchigen Aufenthalt auf einer Intensivstation bescherte.

Die Volksweisheit, dass man „so manche Kröte schlucken muss", um sich mit einer unangenehmen Sache abzufinden, macht also durchaus Sinn.

Die Krötenfliege

Es ist wirklich kein schöner Anblick: eine Erdkröte (*Bufo bufo*), die sich mühsam dahinschleppt, die Nasenhöhlen weit ausgefressen von Maden, die bereits auch ein Auge ausgehöhlt haben. In den nächsten Stunden wird sie sterben, wenn die Maden ins Gehirn vorgedrungen sind. Es sind die Larven einer Fliege, *Lucilia bufonivora*, die, wie schon der Name „bufonivora", die Krötenfressende, sagt, es auf Amphibien und dabei speziell auf Kröten abgesehen hat. Sie legt ihre Eier auf deren Kopf und Schultern ab. Schon nach wenigen Stunden schlüpfen die Maden und kriechen gezielt in die Nasenlöcher, von wo aus sie innerhalb von ein bis zwei Tagen alles Gewebe im Kopf aufgezehrt haben. Ist die Kröte erst tot, wird ihr Körper binnen einer Woche bis auf das Skelett aufgefressen. Zum Verpuppen ziehen sich die Maden anschließend in den Boden unter dem Kadaver zurück und nach ein bis drei Wochen schlüpfen die Fliegen, etwas kleiner als unsere Stubenfliege, doch metallisch glänzend. Nicht nur Kröten, auch Frösche zählen zu ihren Opfern. In einer Feldstudie in Nordrhein-Westfalen hat man beobachtet, dass 15 %, zum Teil sogar 70 % der Kröten und Frösche von Fliegenmaden befallen waren[123].

Myiasis nennt man die Erkrankung, wenn lebende Wirbeltiere von Fliegenmaden besiedelt werden. Die Maden sind damit Ektoparasiten, die beispielsweise Schafe und auch Wildtiere als Wirte befallen, wobei *Lucilia bufonivora* mit ihrer strengen Spezialisierung auf Kröten und Frösche eine Sonderstellung einnimmt.

Anscheinend aber macht es der Fliege nichts aus, wenn sie den Bufadienoliden in der Kröte ausgesetzt ist. Die Maden, die wir untersuchten, enthielten zwar diese Stoffe in beachtlichen Mengen, die Puppen allenfalls in Spuren, die Fliegen aber gar nicht[124]. Die Bufadienolide passieren offenbar nicht die Darmwand der Maden und werden spätestens vor der Verpuppung ausgeschieden – denn ihre Na^+/K^+-ATPase ist nicht wie bei der Tigerwasserschlange modifiziert und damit den Bufadienoliden gegenüber resistent, sondern im Gegenteil empfindlich für die Wirkung dieser Stoffe.

Es war Frühjahr und die Krötenwanderungen zu den Laichgewässern hatten begonnen. Auf dem Weg dahin wurden viele Kröten Opfer des Straßenverkehrs oder die Weibchen ertranken, wenn gleich mehrere Männchen sie umklammerten. Tote Kröten gab es also genug. Warum daher nicht einmal prüfen, ob auch die mit den Krötenfliegen verwandten Schmeißfliegen mit den Bufadienoliden gefahrlos umgehen können?

Jeder kennt es: Ein totes Tier wird schon innerhalb kurzer Zeit von einer Heerschar von Schmeißfliegen aufgesucht, die ihre Eier darauf ablegen. Bald wimmelt es nur so von Maden, was nicht für jedermann einen erfreulichen Anblick bietet. Jens Amendt hingegen, forensischer Entomologe am Institut für Rechtsmedizin der Uni Frankfurt, ist ihnen sehr zugetan. Er erforscht nekrophage Insekten, die Leichen besiedeln, um Rückschlüsse auf den Todeszeitpunkt ziehen zu können. In seine Fliegenzuchten legten wir tote Kröten, auf die auch umgehend die beiden Schmeißfliegenarten, *Lucilia sericata* und *Calliphora vicina*, ihre Eier ablegten. Die ausschlüpfenden Larven skelettierten problemlos binnen einer Woche die Krötenkadaver, verpuppten sich anschließend, und nach drei Wochen schlüpften die Fliegen. Auch in diesem Fall enthielten nur die Maden die Bufadienolide, nicht jedoch Puppen und Fliegen[124]. Ob lebend oder tot – die Fliegen umgehen geschickt die chemische Abwehr der Kröte.

Dreck reinigt den Magen

Mit dieser Floskel tröstet man sich, wenn das Butterbrot auf die Erde gefallen ist (Butterseite nach unten, versteht sich) und man es anschließend trotzdem isst. Nicht auszudenken, was man bei dieser Gelegenheit alles mitaufnimmt – Bakterien, Pilzsporen etc.!

Allmorgendlich sammeln sich im Tambopata-Nationalpark, im Amazonas-Regenwald Perus, große Schwärme von Aras und anderen Papageien an den ausgewaschenen Steilufern der Flüsse, um aus den freiliegenden Lehmwänden Erde herauszupicken, die sie anschließend verzehren (▸ Abb. 23). Sie sind dabei recht wählerisch und bevorzugen nur Erde aus einer bestimmten, recht schmalen Schicht. Die Erdschicht darunter oder darüber bleibt hingegen unangetastet[125].

Nun liegt die Vermutung nahe, dass die Papageien mit der Erde Sand oder Kiesel verschlucken, um in ihrem Muskelmagen ihre Nahrung, beispielsweise Samenkörner, zu zermahlen. Vielleicht sind es aber auch wichtige Mineralstoffe, die sie auf diese Weise zur Ergänzung ihrer Nahrung aufnehmen. Oder wollen sie sogar überschüssige Säure in ihrem Magen-Darm-Trakt neutralisieren, um etwa „Sodbrennen“ zu vermeiden?

Erde als Nahrungszusatz

Diese drei Gründe, warum sie Erde verzehren, wurden überprüft. Die erste Vermutung, die Aufnahme größerer Partikel zur Unterstützung der Verdauung, ließ sich leicht widerlegen. Die Erde, die die Papageien auswählen, besteht aus besonders feinen Tonpartikeln, während die Erdschichten darunter oder darüber groben Sand enthalten. Auch die Annahme, die Vögel würden gezielt ihren Mineralhaushalt ergänzen, trifft nicht zu. Die Erde, die sie aufnehmen, ist nicht reicher an Mineralsalzen als die anderer Erdschichten im Untersuchungsgebiet und außerdem in ihrem Mineralgehalt viel ärmer als die pflanzliche Nahrung der Vögel. Auch zur Neutralisation überschüssiger Magensäure hat sich die Erde als nicht geeignet erwiesen. Die Pufferkapazität der Tonerde ist mit der destillierten Wassers vergleichbar, also ohne Bedeutung.

Hingegen sind Tonerden hervorragend geeignet, Bitterstoffe und selbst toxische Sekundärmetabolite wie Alkaloide aus der Pflanzennahrung zu binden. Papageien verzehren überwiegend Samen und unreife Früchte, die einen hohen Gehalt dieser Stoffe aufweisen. Sie schmecken teilweise sehr bitter und sind oftmals für andere Tiere ungenießbar, oft sogar ist ihr Verzehr mit einer tödlichen Vergiftung verbunden. Untersuchungen von Erdproben, die die Papageien bevorzugen, haben ergeben, dass Pflanzeninhaltsstoffe wie Chinin und Tannin an Tonpartikeln adsorbiert werden; dadurch kann zuvor ungenießbare Nahrung gefahrlos verzehrt werden und ist besser verträglich. Darüber hinaus führt die verschluckte Tonerde dazu, dass die Darmzellen vermehrt Schleim absondern, was das Verdauungssystem vor Schäden durch giftige Nahrung schützt.

Gewusst wie!

Geophagie, das Essen von Erde, ist im Tierreich keineswegs selten. Gänse beispielsweise nehmen mit ihrer pflanzlichen Nahrung zahlreiche Stoffe wie Alkaloide, Glykoside, Amine und Schwefelverbindungen auf, deren Toxizität sie zu tolerieren vermögen, während andere Tiere die betreffenden Pflanzen meiden oder Vergiftungen erleiden[126]. Gänse fressen regelmäßig Erde, etwa von Maulwurfshügeln, oder selbst Asche und Holzkohle eines Lagerfeuers. Vor allem Holzkohle ist in hohem Maße geeignet, Alkaloide und andere Pflanzeninhaltsstoffe zu absorbieren, was den Gänsen erlaubt, wenig wählerisch bei der Auswahl ihrer Nahrungspflanzen vorzugehen.

Asiatische Elefanten (*Elephas maximus*) im Udawalwe-Nationalpark von Sri Lanka wurden beobachtet, wie sie Lehm fraßen[127]. Analysen der Erdproben ergaben, dass diese hauptsächlich aus Quarz und Feldspat sowie aus Tonerdmineralien wie Kaolin und Smektit bestehen, wichtige Salze wie Kalzium- oder Natriumsalze sind jedoch nur in sehr geringem Umfang enthalten. Somit scheidet die Vermutung aus, die Elefanten würden ihren Mineralhaushalt durch Geophagie auffrischen. Vielmehr scheint auch in diesem Fall die Entgiftung der Nahrung aus normalerweise ungenießbaren Pflanzen in Vordergrund zu stehen.

Von Primaten lernen ...

Unsere nächsten Verwandten, die Schimpansen und Gorillas, haben die positiven, d. h. heilenden Eigenschaften von Tonerde wohl schon lange „erkannt"(▸Abb. 24). Die Berggorillas (*Gorilla beringei beringei*) in den Virunga-Bergen Ruandas graben seit Generationen an den Hängen des Mount Visoke nach gelbem Vulkangestein. Kleine Brocken zermahlen sie in ihrer Hand zu Staub, den sie anschließend auflecken. Dian Fossey, der berühmten Primatenforscherin, fiel auf, dass die Gorillas während der Trockenzeit häufiger nach dieser Erde graben[128, 129]. Sie vermutete, dass dies mit der Umstellung ihres Speiseplans auf Pflanzen wie Lobelien (Glockenblumengewächse, Familie: Campanulaceae) und Greiskräuter (*Senecio*-Arten) zusammenhängt, die mehr toxische Inhaltsstoffe enthalten als andere Nahrungspflanzen. Die Gorillas leiden in dieser Zeit vermehrt unter Durchfall, den sie wohl durch Aufnahme des Staubes aus Vulkangestein behandeln wollen. In der Tat stellte sich heraus, dass dieses Gestein zu 15 % aus Tonerde, vorwiegend aus Kaolin-ähnlichem Halloysit, besteht. Diese Bestandteile können toxische Pflanzeninhaltsstoffe binden, die Nahrung entgiften und damit Durchfall verhindern[130].

In den tansanischen Nationalparks Mahale und Gombe verzehren Schimpansen (*Pan troglodytes*) regelmäßig Erde, die sie Termitenhügeln entnehmen, vor allem, wenn sie unter Durchfall leiden. Sie enthält zwar wenig Mineralsalze, dafür ist sie reich an Tonerde (bis 30 %). Wahrscheinlich dient dies ebenfalls als Selbstmedikation dazu, toxische Inhaltsstoffe der Nahrungspflanzen zu absorbieren[131].

Schließlich hat man auch Orang-Utans (*Pongo pygmaeus*) in Borneo beim Verzehr von Erde beobachtet, die sich ebenfalls reich an Tonbestandteilen erwies[132]. Aber auch zahlreiche Primaten der Neuen Welt wie Klammeraffen (Gattung *Ateles*), Brüllaffen (Gattung *Alouatta*) und Sakiaffen (Familie Pitheciidae) verzehren regelmäßig Erde[133].

Der Mensch setzt als universales Gegenmittel bei den meisten Vergiftungen Aktivkohle zur Absorption der toxischen Stoffe ein. Dank ihrer enormen inneren Oberfläche kann sie Fremdstoffe bis zum 200-Fachen des eigenen Gewichts aufnehmen. So ist es nicht überraschend, dass auch zahlreiche Tiere, Rehe und Hirsche nach einem Waldbrand sowie Pferde und Hunde an Feuerstellen die entstandene Holzkohle aufnehmen[129]. Rote Stummelaffen (*Piliocolobus kirkii*) auf der Insel Sansibar suchen gezielt nach Holzkohle an verkohlten Baumstümpfen oder Ästen. Sie gehen sogar so weit, dass sie Holzkohle aus den Öfen der Dorfbewohner stehlen. Diese wird sogar von den Affen bevorzugt, da sie wohl am effektivsten die toxischen Inhaltsstoffe ihrer Nahrungspflanzen absorbiert. Wie nützlich diese Verhaltensweise ist, scheint dadurch belegt zu werden, dass sich die Stummelaffen in Sansibar stärker vermehren als ihre Artgenossen in Gebieten, wo sie dieses Verhaltensmuster nicht zeigen[134].

Der Große Ameisenbär (*Myrmecophaga tridactyla*) zählt nicht zu den Bären, wie sein Name vermuten lässt. Er lebt in Mittel- und Südamerika und gehört zu den Säugetieren, die keine Zähne besitzen (Zahnarme) und auf den Verzehr von Ameisen und Termiten spezialisiert sind. Mit seinen scharfen wuchtigen Krallen bricht er Ameisennester oder Termitenbaue auf und leckt mit seiner langen, klebrigen Zunge deren Bewohner, darunter Rossameisen (Gattung *Camponotus*), auf, die jede Menge Ameisensäure enthalten. So verzehrt ein großer Ameisenbär über 30 000 Ameisen täglich, was man ihm in einem zoologischen Garten nicht bieten kann.

Im Zoo Dortmund, wo man sich um die Haltung von Ameisenbären verdient gemacht hat und sie regelmäßig züchtet, fand man heraus, dass ihrem Futter (Hundefutter mit Haferflocken und etwas Ameisensäure) unbedingt Erde hinzugefügt werden muss[135, 136]. Dies trägt einerseits zur normalen Konsistenz des Kots, wahrscheinlich aber auch zur Neutralisation der Ameisensäure bei. Ähnlich wie der Ameisenbär frisst das Schuppen- oder Tannenzapfentier, auch Pangolin genannt (Familie Manidae), das in Afrika und Südostasien beheimatet ist, bevorzugt Ameisen und Termiten. Im Zoo von Taipei fügt man dem Futter neben reichlich Insektenlarven auch Erde zu, was zum Wohlergehen der Tiere wesentlich beiträgt[137].

Der Lehmpfarrer

Schließlich hat auch der Mensch erkannt, dass das Essen von Tonerde Nahrungsmittel entgiftet, die ansonsten für ihn ungenießbar sind. Kartoffeln (*Solanum tuberosum*) stammen ursprünglich aus Südamerika, wo sie in den Andenregionen vor allem Perus mit über 3000 Sorten auch heute noch genutzt werden. Andenbewohner wie die Aymaras und Quechuas essen seit alters her Wildkartoffeln oder solche aus früher Ernte mit Tonerde, um deren Giftigkeit durch den hohen Gehalt von Solanin zu neutralisieren. Hierzu tauchen sie die Kartoffeln in angerührte Tonerde[138]. Auch im Südwesten der USA essen Indianervölker Wildkartoffeln zusammen mit Erde. Auf Sardinien, wo Eicheln zu Mehl gemahlen und zum Brotbacken verwendet werden, setzt man dem Brotteig Erde zu, die das Tannin der Eicheln bindet und die Geschmacksqualität des Brotes merklich verbessert[139].

> Es war die Wendung in meinem Leben, als ich endlich die ewig unveränderliche Ordnung der Natur erkannte und der Stimme zur Heilung von Krankheiten folgte. Ich erkannte nun bald auch das größte Heilmittel der Natur: die Erde.

Dies schrieb Adolf Just 1895, der, angeregt von Sebastian Kneipp („der Wasserdoktor"), zusammen mit Emanuel Felke („der Lehmpfarrer") die Heilerde als das „beste Heilmittel der Natur" propagierte. Hierbei handelt es sich vorwiegend um Löß-, Ton- oder Moorerden. Als Paste angerührt und auf die Haut aufgetragen soll Heilerde äußerlich bei Muskel- und Gelenkbeschwerden sowie bei Hauterkrankungen angewendet werden. Magen-Darm-Erkrankungen werden mit einem Trunk Heilerde (1–2 Löffel des Pulvers auf ein halbes Glas Wasser oder Tee) behandelt. Heilerde zählt zu den Naturheilmitteln und wird in der sogenannten alternativen Medizin häufig angewandt.

Zurück zu dem eingangs erwähnten Spruch: Dreck reinigt den Magen. Papageien, Gänse, Gorillas und andere Tiere haben uns eindrucksvoll demonstriert, dass Dreck nicht gleich Dreck bzw. Erde ist. Es bedarf schon gewisser Voraussetzungen, wenn man mit Erde den Verdauungstrakt reinigen oder Nahrungsmittel genießbar machen will. Hierzu ist saubere, ausgewaschene Tonerde der Schlüssel, um als „heilende Erde" diese Aufgaben zu erfüllen. Es ist also nicht ratsam, das auf die Erde gefallene Butterbrot bedenkenlos zu essen. Es sollte schon auf „Heilerde" gefallen sein, will man nicht eine Magen-Darm-Infektion riskieren.

Die Molchwette

Als ich in Oregon (USA) mit einem Netz bewaffnet im seichten Wasser eines Sees watete, kam ein älterer Amerikaner in seinem Kanu vorbeigepaddelt und fragte, was ich denn da mache. Ich klärte ihn auf, dass ich Molche suche, worauf er allen Ernstes fragte, ob ich die anschließend zu essen gedächte. Ich war perplex, denn die Rauhäutigen Gelbbauchmolche (*Taricha granulosa*, ▸Abb. 25 A), die ich suchte, sind bekannt dafür, dass sie in ihrer Haut das hochgiftige Tetrodotoxin enthalten.

Das scheint sich in den Staaten nicht überall herumgesprochen zu haben. Denn gerade in Oregon verzehrte ein 29-jähriger Mann in Rahmen einer Wette fünf dieser Molche. Zunächst verspürte er nur ein prickelndes Gefühl in den Lippen, doch dann stellte sich Gefühllosigkeit in Armen und Beinen und allgemeine Schwäche ein. Zwei Stunden später war er tot, die Wette hatte er verloren[140].

Auf gut Hessisch: „Gell, Sie sin en Forschä?" (auf Hochdeutsch: „Ich gehe doch wohl recht in der Annahme, dass Sie ein Forscher sind?") begrüßte mich der Taxifahrer, der mich an einem frühen Sonntagmorgen zum Flughafen bringen sollte. Er schloss dies wohl aus meinem Titel und dem legeren Outfit, das gegen eine gepflegte Geschäftsreise sprach. Als ich auf die Frage, wo ich denn hinfliegen wolle, Alaska erwähnte, hatte dies zur Folge, dass ich auf der Fahrt detailliert schildern musste, was ich denn dort vorhabe. Denn es ist in der Tat ungewöhnlich, dass jemand ausgerechnet giftige Molche in Alaska sammeln will, wo man sie mitnichten vermuten würde.

Das Verbreitungsgebiet des rauhäutigen Gelbbauchmolchs erstreckt sich vom Süden Kaliforniens bis tatsächlich in den schmalen südlichen Streifen entlang der Küste Alaskas[141]. Dorthin, vor allem zu den vorgelagerten Inseln, gelangt man nur auf dem See- oder Luftweg. Joshua Ream, eine junger Doktorand der University of Alaska in Fairbanks, hatte mir empfohlen, die Inseln Ketchikan und Wrangel zu besuchen, dort habe er regelmäßig Molche gefunden. Die erste Etappe, Ketchikan, entpuppte sich als ein verschlafenes Nest, das erst erwacht, wenn morgens Kreuzfahrtschiffe anlegen und die Touristen sich auf eine Besichtigungstour (längstens eine Stunde) begeben.

Man muss die eigene Frustrationstoleranz schon entsprechend hoch ansetzen, denn nach drei Tagen emsigen Suchens vor allem in den Hochmooren, wo man in den dicken Polstern von Torfmoos knietief versinkt, hatte ich keinen einzigen Molch gefunden. Am letzten Tag versuchte ich mein Glück an einem Stausee, der ein kleines Kraftwerk speist. Es ging steil bergauf; mit dem Auto hochzufahren, daran war nicht zu denken. Ein feiner Nieselregen und ein kalter Wind ließen die Tour zu einer Strapaze werden. Nach etwa 2 km erreichte ich einen kleinen Tümpel, der mein Herz höher schlagen ließ, denn hier schwammen die Gesuchten im 8 °C kalten Wasser. Sie ließen sich mit dem Kescher leicht fangen. Im nächsten Tümpel, ca. 400 m die Straße weiter aufwärts, das gleiche Bild. Insgesamt sammelte ich 15 Molche, genug, um den Rückweg anzutreten, wo mir ein völlig erschöpfter junger Amerikaner auf seinem Mountainbike begegnete. Ich gab ihm etwas von meinem Wasservorrat ab, doch ließ er sich nicht davon abbringen, seine Fahrt den Berg hinauf fortzusetzen.

Auf Wrangel Island, der nächsten Etappe, konnte ich lediglich einen Molch innerhalb von drei Tagen einfangen. Insgesamt also eine etwas bescheidene Ausbeute.

Doch wozu die lange Reise und die Strapazen? Die Brodies, Vater und Sohn, beide mit gleichem Vornamen, Edmund D. – sie unterscheiden sich aber mit Jr. (der Vater) und III (der Sohn) –, hatten mit ihren Mitarbeitern in jahrelangen Studien herausgefunden, dass der Toxingehalt der verschiedenen Molchpopulationen erheblichen Schwankungen unterworfen ist[142]. In manchen Regionen sind die Molche hochtoxisch, in anderen sind sie praktisch ungiftig. Nach Alaska aber waren die beiden Forscher nie gekommen. So hatte ich die Chance herauszufinden, was es mit den Molchen aus dem nördlichsten Teil ihres Verbreitungsgebiets auf sich hat. Kurz: Sie sind kaum giftig.

Fugu: Gift in kleinen Dosen

Die Entdeckung des Tetrodotoxins ist eng mit Japan verknüpft. Yoshizumi Tahara hatte es 1909 aus Kugelfischen isoliert und nannte es nach der Fischfamilie, den Tetraodontidae[143]. In einer Art Wettrennen klärten Jahre später fast gleichzeitig japanische und amerikanische Forscher die Toxinstruktur auf[144, 145, 146].

Giftige Delikatesse

Mit den giftigen Kugelfischen hat es jedoch eine ganz besondere Bewandtnis. In Japan gilt ihr Muskelfleisch, in dünne Scheiben geschnitten und roh gegessen, als Delikatesse, Fugu genannt. Westliche Gourmets können diesem Mahl zwar nicht viel abgewinnen, man erlebt ein leichtes Kribbeln auf Lippen und Zunge, doch Japaner bekommen glänzende Augen, wenn man ihnen Fugu serviert. Nachordern kann man nicht, denn man erhält nur eine bestimmte Menge Fisch, um eine Vergiftung zu vermeiden. Nur besonders lizenzierte Köche dürfen Fugu zubereiten, denn die hochgiftigen Innereien wie die Eierstöcke müssen sorgfältig entfernt werden.

Tetrodotoxin, ein Alkaloid, ist eines der wichtigsten Reagenzien des Neurophysiologen, denn es blockiert mit hoher Spezifität den Natriumkanal von Nerv- und Muskelmembranen[41]. Glücklicherweise ist diese Wirkung reversibel. Wird ein Patient – sei es, dass er aus Unkenntnis sich ein Fugu-Mahl zubereitet hat oder dass er absichtlich damit vergiftet wurde, was in Japan hin und wieder passiert – rechtzeitig beatmet, so setzt schon nach wenigen Tagen die Spontanatmung wieder ein und die Vergiftung ist folgenlos überwunden. Nicht ohne Grund ist daher auch die Einfuhr von Kugelfischen nach Europa und in die USA verboten.

Doch nicht nur Kugelfische, sondern auch andere Meeresbewohner enthalten Tetrodotoxin, beispielsweise Kaiser- und Papageifische sowie Grundeln, Schnur-, Pfeil- und Strudelwürmer, einige Meeresschnecken, Seesterne, Krabben und ein kleiner Krake[2]. Mysteriös ist jedoch die Tatsache, dass das gleiche Toxin ohne strukturelle Veränderungen auch in einigen Amphibien vorkommt wie in den besagten Molchen (*Taricha*-Arten, ▸ Abb. 25 A) oder in anderen Molcharten, etwa im Grünlichen Wassermolch (*Notophthalmus viridescens*, ▸ Abb. 26 A) aus dem Osten der USA, ja selbst in einigen Populationen unseres Alpenmolches (*Triturus alpestris*), darüber hinaus noch in einigen Frosch- und Krötenarten. Folgerichtig stellt sich in diesem Zusammenhang die Frage nach dem eigentlichen Produzenten des Tetrodotoxins.

Im marinen Bereich sind es wohl Bakterien, die das Toxin synthetisieren; die betreffenden Meeresbewohner nehmen sie aus dem Sediment auf. Die Bakterien können sich im Darm der Tiere ansiedeln oder ihr Toxin gelangt überhaupt nur über das Sediment oder die Nahrungskette in die einzelnen Tiere. Bei den Landtieren allerdings ist die Kontroverse „Molch produziert es selbst“ bzw. „erhält es aus der Umwelt“ noch nicht entschieden. So gibt es Argumente für die Eigenproduktion, denn Molche enthalten beispielsweise über lange Zeit gleichmäßig hohe Toxinkonzentrationen. Andererseits sind die südamerikanischen *Atelopus*-Kröten, die normalerweise Tetrodotoxin enthalten, frei davon, wenn sie im Terrarium nachgezogen wurden. Unabhängig davon, wie die Diskussion ausgeht: Einzelne Populationen der Molche zeigen erhebliche Schwankungen in ihrem Toxingehalt. Es scheint, dass sie, je nördlicher man in Nordamerika kommt, mehr und mehr ihre toxischen Eigenschaften verlieren[147, 148].

Die beiden Brodies und ihre Mitarbeiter beobachteten, dass der rauhäutige Molch trotz seiner Giftigkeit von Schlangen, den sogenannten Strumpfbandnattern (den ungewöhnlichen Namen erhielten sie wegen ihrer Längsstreifen-Zeichnung) der Gattung *Thamnophis* (▸ Abb. 25 B), verzehrt wird. Danach scheinen die Bewegungen der Schlangen zwar deutlich verlangsamt, doch überleben sie dieses eigentlich tödliche Mahl problemlos[149]. Die Schlangen speichern sogar das Toxin und werden dadurch selbst giftig[150]. Nach einer Molchmahlzeit ist das aufgenommene und vorwiegend in der Leber gespeicherte Tetrodotoxin erst nach mehr als 60 Tagen wieder vollständig ausgeschieden; in diesem Zeitraum besitzt die Schlange genug Toxin, um ihre Feinde zu vergiften[151]. Auch konnten die Forscher feststellen, dass in den Gebieten, in denen sich die Molche durch besonders hohe Toxizität auszeichnen, die Schlangen kaum Symptome zeigen, wenn sie die Molche verzehren, also resistent gegenüber dem Toxin sind. Oder dass in Gegenden mit nur geringer Molch-Toxizität die Schlangen wiederum empfindlich auf das Toxin reagieren, setzt man ihnen etwa hochgiftige Molche vor. Man spricht in diesem Zusammenhang von einem Rüstungswettlauf (s. Seite 111)[142]. Im Lauf der Zeit haben sich die Schlangen ihrem Beutetyp soweit angepasst, dass sie auch hohe Konzentrationen von Tetrodotoxin tolerieren können. Dies wurde dadurch möglich, dass in ihrem Natriumkanal die Region, an der Tetrodotoxin normalerweise andockt, durch Austausch von Aminosäuren verändert ist. Das Toxin kann dort nicht mehr binden und damit die Funktion des Ionenkanals beeinträchtigen[152].

Erklärt sich vielleicht damit die Beobachtung, dass unsere Alaska-Molche kaum mehr giftig sind, weil dort ihre Fressfeinde, die Schlangen, nicht vorkommen und sie daher das Toxin nicht benötigen? Dem widerspricht allerdings die Tatsache, dass es in Kanada ungiftige Molche gibt, obwohl die Schlangen dort reichlich vertreten sind.

Kein Schutz trotz Gift

Wenn man im Herbst zum Powdermill Nature Reserve in Pennsylvania (USA) kommt – eine Station, die sich hauptsächlich der Vogelzugforschung widmet –, muss man aufpassen, dass man nicht auf die kleinen Wassermolche (*Notophthalmus viridescens*) tritt, die jetzt die Tümpel und Teiche verlassen, um ihre Winterquartiere in den Wäldern aufzusuchen (▸ Abb. 26 A). Im

Nu hat man 30 oder 40 Tiere zusammen, die man auf den Wegen nur aufzulesen braucht. Einer der Ornithologen, Robert Mulvihill, der meine Aktivitäten beobachtete, fragte mich, was ich denn da mache. Nachdem ich ihm ausführlich meine Molchstudien erklärt hatte, fragte ich ihn, ob er denn jemals beobachtet habe, dass einer der Vögel die doch reichlich vorhandenen Molche als Beute nutzte. Dies verneinte er, er habe jedoch ein Foto für mich, das eine Gottesanbeterin beim Verzehr von einem der Molche zeige (▸ Abb. 26 B). Es handelte sich um die Chinesische Mantis (*Tenodera sinensis*), die zur biologischen Schädlingsbekämpfung vor Jahren in die USA eingeführt wurde und sich inzwischen derart vermehrt hat, dass sie der einheimischen Insektenfauna gefährlich wird.

Zurück im Labor haben wir uns von Züchtern einige Exemplare der chinesischen Mantis, es sind über 12 cm große Insekten, besorgt und sie zwar nicht mit Molchen, aber mit reinem Tetrodotoxin gefüttert. Sie, wie auch einige andere Arten, überlebten selbst extrem hohe Tetrodotoxin-Konzentrationen problemlos. Doch wenn man ihnen auch nur den hundertsten Teil davon (1 Mikrogramm) in den Hinterleib injizierte, starben sie binnen weniger Minuten. Offenbar passiert Tetrodotoxin, das sie mit der Nahrung aufnehmen, nicht ihre Darmmembran und erreicht ihr empfindliches Nervensystem nicht, so dass sie auch die ungewöhnliche Beute gefahrlos bewältigen können.

Die Kollegen von der Powdermill Station konnten mir die Frage aber nicht beantworten, ob auch die dort häufig vorkommenden Strumpfbandnattern (*Thamnophis sirtalis*) die Molche verzehren. Es gebe doch genügend Frösche und sie brauchten daher nicht auf giftige Molche zurückgreifen. Ob sie dem Toxin gegenüber ebenfalls resistent sind, gilt es noch zu erforschen.

Mehr als die Hälfte der Powdermill-Molche sind mit Darmparasiten, Nematoden, Trematoden und Bandwürmern infiziert, die ihnen das Leben sicher nicht leicht machen[153]. Das überall im Körper der Molche verteilte Tetrodotoxin schadet den Parasiten überhaupt nicht, im Gegenteil, sie speichern es sogar in ihrem Körper, wie unsere Untersuchungen gezeigt haben.

Die Wassermolche verbringen nach ihrer Metamorphose mehr als 10 Jahre an Land, bevor sie zur Fortpflanzung Gewässer aufsuchen. Sie sind knallgelb bis tieforange gefärbt und fallen sofort ins Auge, wenn sie nach einem starken Regen über den Waldboden laufen (▸ Abb. 26 A). Warnen sie mit ihrer auffälligen Färbung vielleicht ihre Fressfeinde („Vorsicht, giftig!“)? Wir haben herausgefunden, dass die Molche in Kanada praktisch ungiftig sind, je südlicher man jedoch in ihrem Verbreitungsgebiet im Osten der USA kommt, desto giftiger werden sie, bis die Molche in Florida wieder ungiftig sind[148].

Überall kommen Strumpfbandnattern vor, und es ist eine offene Frage, ob hier ein Rüstungswettlauf wie bei den Schlangen und rauhäutigen Molchen an der Westküste abläuft.

Anders scheint es sich bei der Hakennatter (*Heterodon platirhinos*) zu verhalten. Sie verzehrt gern die Molche, wobei ihr deren zum Teil recht hohe Tetrodotoxin-Konzentration anscheinend nichts ausmacht. Allerdings ist ihr Natriumkanal keineswegs so wie bei den Strumpfbandnattern modifiziert; das Toxin könnte den Ionenkanal durchaus blockieren. Es gibt offenbar aber noch einen weiteren Trick, der verhindert, dass Tetrodotoxin sein Ziel, den Natriumkanal, erreicht[154]. Welchen, dazu besteht noch Forschungsbedarf.

So bleibt zuletzt noch die Frage: Wie schützen sich Gelbbauchmolch (*Taricha*-Arten), Wassermolche (*Notophthalmus*-Arten) sowie die Chinesischen und Japanischen Feuerbauchmolche (*Cynops*-Arten, auch sie enthalten hohe Konzentrationen an Tetrodotoxin) vor ihrem eigenen Gift? Sie haben ihren Natriumkanal an der empfindlichen Stelle durch den Austausch von Aminosäuren ebenfalls so modifiziert, dass das Toxin dort nicht binden kann. So zeichnet sich der Natriumkanal in der Muskulatur von *Taricha granulosa* durch seine über 30 000-fach höhere Resistenz dem Toxin gegenüber aus als die der entsprechenden Ionenkanäle von Molchen und Salamandern, die kein Tetrodotoxin enthalten[155].

Pfeilgiftfrösche

John Daly, der Pionier auf dem Gebiet der Froschgifte, empfahl, kurz an einem Frosch zu lecken, um festzustellen, ob er ein giftiges Sekret mit seiner Haut ausscheidet[156]. Ein mutiges Unterfangen, das nicht unbedingt zur Nachahmung empfohlen wird. Eine seiner überzeugten Schülerinnen, Valerie Clark, schreibt dazu:

> Schon als kleines Mädchen habe ich Frösche geküsst. Zum Frösche-Ablecken für die Wissenschaft hat mich mein Mentor John Daly inspiriert. Der Vorteil ist nämlich, dass ein kurzes Ablecken eines Frosches rasch darüber informiert, ob er giftig ist und für eine Untersuchung auf giftige Inhaltsstoffe in Frage kommt. Wenn ein Frosch geschmacklich unbedeutend ist, lohnt sich eine Analyse nicht. Empfindet man jedoch Brennen, Gefühllosigkeit, sogar leichte Schmerzen im Mundbereich, stellt sich am Ende sogar eine leicht

euphorische Stimmung ein, sind weitere Untersuchungen angesagt. Ein solcher Vorversuch lohnt sich allemal, wenn man zahlreiche Frösche testen soll.

Ich muss gestehen, dass auch ich mich zu derartigen Tests verleiten ließ, als es galt, in Neuguinea die Federn und Haut von Vögeln daraufhin zu testen, ob sie giftig sind. Ein leichtes Prickeln, gefolgt von Taubheitsgefühl, gab Hinweise darauf, dass das vermutete Steroidalkaloid Homobatrachotoxin in der Probe vorlag, was später John Daly in seinem Labor bestätigt hat[41, 157].

Kleiner Frosch, große Wirkung

Mit ihrer außerordentlich bunten und kontrastreichen Färbung scheinen die Färber- oder Baumsteigerfrösche – sie werden auch als Pfeilgiftfrösche bezeichnet – zu signalisieren: Achtung, ich bin giftig! Pfeilgiftfrösche deshalb, weil ihr Hautsekret von Indiostämmen Kolumbiens und Panamas zum Vergiften ihrer Pfeile, die sie mit dem Blasrohr verschießen, benutzt wird. In der Tat enthält das Sekret von Fröschen der Gattung *Phyllobates* einen der giftigsten Naturstoffe, das Batrachotoxin. Es entfaltet seine spezifische Wirkung am spannungsabhängigen Natriumkanal der Nerven- und Muskelmembran und verhindert dort das Schließen des Kanals nach einem Aktionspotenzial. Eine Dauererregung ist die Folge, die Muskulatur wird anhaltend kontrahiert.

Doch wie überlebt der Frosch selbst sein eigenes Gift, das er in seiner Haut mit sich herumträgt? Immerhin enthält der weniger als 5 cm große Frosch *Phyllobates terribilis* („der Schreckliche", ▸ Abb. 27) die erstaunliche Menge von fast 2 mg Batrachotoxin!

Untersuchungen an Nerv-Muskel-Präparaten dieses Frosches haben ergeben, dass bei Zugabe von Batrachotoxin die erwartete Wirkung, die krampfartige Kontraktion des Muskels, ausbleibt[158]. Offenbar ist der Natriumkanal des Frosches in seiner Struktur soweit verändert, dass das Toxin dort nicht andocken kann. Andere Toxine, die ebenfalls den Natriumkanal offen halten, wie Veratridin, ein Steroidalkaloid aus dem Samen des Weißen Germer (*Veratrum album*), sind hingegen nach wie vor wirksam. Dieser Schutz ist den Fröschen angeboren.

Züchtet man die Frösche im Terrarium, so sind die Nachkommen der giftigen Eltern allerdings vollständig ungiftig. Denn der Frosch synthetisiert Batrachotoxin nicht selbst, sondern entnimmt es wohl seiner Nahrung: Bodenmilben, Ameisen und anderen Kleinlebewesen in der Laubstreu tropischer Regenwälder. Wer von diesen das Toxin liefert, ist jedoch unbekannt. Würde man die ungiftigen Nachzucht-Frösche in ihr ursprüngliches Biotop setzen, so wären sie wie ihre Eltern geschützt und könnten gefahrlos Batrachotoxin aufnehmen und speichern. Dies wäre einen Versuch wert.

Mehr als 800 verschiedene Alkaloide haben John Daly und seine Mitarbeiter aus Färberfröschen (Familie Dendrobatidae), aber auch aus Buntfröschen Madagaskars (*Mantella*-Arten) und Australiens (*Pseudophryne*-Arten) sowie aus kleinen Schwarzkröten (*Melanophryniscus*-Arten) isoliert[159]. Diese Stoffe entfalten unterschiedlichste Wirkungen an Ionenkanälen, aktivieren oder blockieren sie. Wie alle diese Frösche und Kröten mit den jeweiligen Wirkstoffen zurechtkommen und wie sie diese in erstaunlich hohen Konzentrationen tolerieren können, sind offene Fragen. Bei den eigentlich ausgefeilten Methoden, die die neurophysiologische Forschung heutzutage bereithält, ein lohnendes Forschungsprojekt. Nur müsste sich jemand einmal darum kümmern.

Wie erwähnt, ist Batrachotoxin als sein Homolog Homobatrachotoxin auch in Haut und Federn einiger Vogelarten in Neuguinea enthalten, ebenfalls ein spannendes Thema, auf das anderorts detailliert eingegangen wird[41]. Aber auch dazu besteht noch erheblicher Forschungsbedarf.

Leben ist Schmerz

Vielleicht hat Bettina von Arnim, eine Schriftstellerin der Romantik, es in einem ganz anderen Sinne gemeint, aber im Grunde genommen hat sie durchaus Recht. Denn die Fähigkeit, Schmerz zu empfinden, ist ein wichtiger Überlebensfaktor. Schmerz alarmiert und signalisiert damit oftmals Gefahr für Leib und Leben. So ist es nicht verwunderlich, dass viele Tiere wie Bienen oder Wespen, manche Schlangen oder Skorpionsfische mit ihrem Gift Schmerzen hervorrufen. Feinde werden dadurch abgeschreckt und lernen aus einer schmerzhaften Erfahrung, die ausersehene Beute künftig zu meiden. Jeder von uns hat derartige Erfahrungen gemacht. Ein Bienen- oder Wespenstich lehrt uns, zu diesen Tieren Abstand zu halten.

In den Überschwemmungsgebieten des Okavangos im Caprivi-Zipfel Namibias kann man sie häufig beobachten: Bienenfresser (*Merops apiaster*, ▸ Abb. 28), Vögel mit einem wunderschön bunten Gefieder, die hier nach ihrer langen Reise aus Europa überwintern. Wie ihr Name schon sagt, sind neben zahlreichen anderen Insekten Bienen, Wespen, Hornissen und Hummeln ihre keineswegs ungefährliche Beute, die sie geschickt im Fluge fangen. Um nicht gestochen zu werden, reiben sie den Hinterleib der Stechimmen an einem Ast, wobei zumindest das Gift, wenn nicht sogar der Stachel herausgequetscht wird.

Ähnlich verfährt auch der Neuntöter (*Lanius collurio*), der Bienen und Wespen vor dem Verzehr „entstachelt". Nach mehrmaligem Durchwalken mit dem Schnabel wischt er das Abdomen auf einem festen Untergrund hin und her und entfernt auf diese Weise den Stachel – eine Verhaltensweise, die angeboren ist[160]. Als Zwischenlager spießt der Neuntöter seine Beute anschließend an Dornen auf.

Der Wespenbussard (*Pernis apivorus*) hat es weniger auf die Wespen selbst abgesehen als auf deren Nester, die er ausgräbt, um die Larven und Puppen in den Waben zu verzehren. Ein dichtes Federkleid am Kopf schützt ihn vor Stichen, außerdem schließt er beim Graben nach den Wespennestern die Augen. All diese Vorsichtsmaßnahmen des Vogels verhindern einen schmerzhaften Stich.

Krötenechse und Dornteufel

Ihr deutscher Name ist sicher missverständlich und wenig überzeugend, denn mit Kröten haben diese Reptilien nichts zu tun. Eher trifft schon ihre englische Bezeichnung zu „horned lizards", gehörnte Eidechsen. Es sind kleine, kurzbeinige Eidechsen (*Phrynosoma*-Arten, Familie Iguanidae) mit kompaktem, eher plattem Körperbau, sie sind selten größer als 10 cm (Kopf-Schwanz-Länge, ▸Abb. 29 A). Ihr Kopf trägt eine Reihe von Hörnern, ihre Körperseiten und der kurze Schwanz sind mit Schuppen besetzt, die zu Stacheln geformt sind. Sie leben in den Trockengebieten und Wüsten des westlichen Nordamerika. Dort sind sie nicht leicht zu entdecken. Robert C. Stebbins[161] bemerkte, dass sie sich bei Annäherung eng dem Untergrund anpassen oder in den Sand eingraben, so dass man fast auf sie tritt, bevor sie fliehen. Wenn man sie fängt, überraschen sie mit einem eindrucksvollen Abwehrverhalten: Sie versprühen Blut aus dem Augenwinkel.

Stebbins empfiehlt, sie in der Nähe von Ameisennestern zu suchen, denn ihre Nahrung besteht überwiegend aus Ameisen. Es sind vor allem Ernteameisen (*Pogonomyrmex*-Arten), denen sie auflauern; aggressive Ameisen, die schmerzhaft stechen können. Da die Echsen sie mit der Zunge aufnehmen und sie ohne zu kauen verschlucken, besteht die Gefahr, dass sie im Rachen und in der Speiseröhre gestochen werden. Doch dies ist offensichtlich nicht der Fall, denn die Echsen umhüllen die Ameisen bereits im Rachen und in der Speiseröhre mit einem Schleimsekret, das sie am Stechen hindert – eine perfekte Strategie, mit der wehrhaften Beute fertig zu werden[162]. Darüber hinaus besitzen die Krötenechsen einen Faktor in ihrem Blut, der das Gift der Ameisen neutralisiert und die Reptilien somit auch resistent gegen die toxische Wirkung eines Stiches macht[163].

Wenn es darum geht, ein besonders skurriles Tier zu benennen, kommt der Dornteufel (*Moloch horridus*) sicher in die engere Wahl (▸Abb. 29 B). Es ist eine kleine, ca. 11 cm große, orangerot gefärbte Echse, deren Körper komplett mit stachligen Schuppen bedeckt ist. Sie ist in den Trockengebieten im Zentrum und Westen Australiens beheimatet. Als Pendant zu den Krötenechsen Nordamerikas ernährt sich der Dornteufel ausschließlich von kleinen schwarzen Ameisen der Gattung *Iridomyrmex*. Man findet ihn oft neben einer Ameisenstraße postiert, wo er mit seiner Zunge große Mengen dieser Insekten aufleckt, mindestens 750 und mehr pro Tag, manchmal eine Ameise pro Sekunde[164, 165]. Zwar enthalten seine Beutetiere keine Ameisensäure, doch benutzen sie sogenannte Iridoide, das sind giftige Monoterpen-Verbindungen, die zur Verteidigung und auch als Pheromon dienen. Zur Frage, wie der

Dornteufel mit diesen Substanzen zurechtkommt, gibt es bisher keine Antwort.

Die tapfere Grashüpfermaus

Nordamerika ist die Heimat der Grashüpfermaus (*Onychomys torridus*), wo sie in den Prärien und trocknen Buschländern ihre Nester, teils unterirdisch, teils in Felspalten baut. Eigentlich ein Nagetier wie ihre Mäuseverwandten (Myomorpha), nimmt sie unter ihnen doch eine Sonderstellung ein: Sie ist strikt carnivor. Insekten bilden zwar den Hauptanteil ihrer Nahrung, doch vor allem im Süden Nordamerikas bevorzugt sie erstaunlicherweise Skorpione, zu denen die meisten anderen Tiere gebührenden Abstand halten (▸ Abb. 30). Denn der Stich des Rinden- oder Sandskorpions (*Centruroides sculpturatus*), ist äußerst schmerzhaft, für kleine Mäuse in der Regel sogar tödlich.

Dies gilt allerdings nicht für die Grashüpfermaus. Selbst wenn sie einmal von einem Skorpion gestochen wird, scheint ihr dies nichts auszumachen. Sie kratzt sich kurz und verzehrt anschließend ohne zu zögern den Skorpion. Offenbar ruft sein Gift bei ihr keinerlei Schmerzen hervor.

Amerikanische Forscher konnten nun zeigen, dass die Grashüpfermaus durchaus auch Schmerzen empfindet, wenn man ihr beispielsweise Formalin unter die Haut spritzt[166]. Hat man ihr allerdings zuvor etwas Skorpiongift injiziert, bleibt die Wirkung des Formalins aus, die Maus empfindet keinen Schmerz.

Einen Schmerz nimmt man wahr, wenn in den Schmerzrezeptoren ein bestimmter Natriumkanal (Nav 1.7) aktiviert wird, der bewirkt, dass ein Aktionspotenzial entsteht, mit dem der Schmerzreiz zum Rückenmark und von dort ins Gehirn weitergeleitet wird. Dort findet letztlich die Schmerzwahrnehmung statt. Injiziert man das Skorpiongift normalen Versuchsmäusen unter die Haut, so löst es diesen Reiz aus. Nicht so bei der Grashüpfermaus. Hier dockt der schmerzauslösende Faktor im Gift an einen anderen Natriumkanal an (Nav 1.8). Dieser ist normalerweise für die Fortleitung des Schmerzreizes, der vom Nav-1.7-Kanal ausgelöst wurde, zuständig. Wird er in seiner Funktion blockiert, wird der Reiz nicht weitergeleitet und die Maus bleibt schmerzfrei. Ausschlaggebend hierfür ist, dass an einer bestimmten Stelle des Ionenkanal-Moleküls, der Pore, wo der Ionentransfer stattfindet, die Aminosäure Glutamin durch Glutaminsäure ersetzt wurde; an ihr bindet die Giftkomponente bevorzugt und inaktiviert damit den Ionenkanal. Allein der Austausch einer neutralen durch eine saure Aminosäure hat diesen dramatischen Effekt zur Folge. So wandelt sich ein schmerzauslösendes Gift zum Schmerzmittel. Gut für die Grashüpfermaus, die nunmehr gefahrlos giftige Skorpione verzehren kann.

Auch Fledermäuse sind Skorpionen als Beute durchaus nicht abgeneigt wie Hemprichs Langohr-Fledermaus (*Otonycteris hemprichii*) in der Negev-Wüste Israels. Ihr Nahrungsspektrum besteht zu 70 % aus Skorpionen[167]. Die Fledermaus ortet ihre Beute, indem sie das Laufgeräusch der Skorpione wahrnimmt. Bleibt ein Skorpion regungslos sitzen, wird er verschont. Er wird aber sofort zielsicher angeflogen und ergriffen, wenn er losläuft. Dies beweist die äußerst empfindliche Wahrnehmung der Fledermaus. Doch häufig werden die Fledermäuse beim Fang eines Skorpions von diesem gestochen. Auch beim Verzehr des Skorpions einschließlich seiner Giftdrüsen und des Giftstachels kommen sie zwangsläufig mit dem Gift in Kontakt. Dies bleibt jedoch folgenlos. Worauf die Resistenz der Fledermaus gegenüber dem Skorpiongift beruht, die es ihr erlaubt, sich einer so riskanten und gefährlichen Beute zu bedienen, ist allerdings noch unbekannt.

Chili con carne

Mexikanische Gerichte zeichnen sich durch ihre geschmackliche Schärfe aus, denn als Gewürz werden reichlich Chilischoten eingesetzt. Darin ist das Alkaloid Capsaicin enthalten, das in der Tat Schmerzrezeptoren reizt. Ein spezieller Capsaicin-Rezeptor, ein sogenannter TRPV1-Ionenkanal (transient receptor potential vanilloid 1) wird aktiviert, er öffnet sich, Kalzium strömt in die Zelle, die Zellmembran wird depolarisiert und ein Aktionspotenzial entsteht. Es breitet sich entlang von Nervenbahnen bis zum Gehirn aus, wo der Reiz als Schmerz registriert wird[41, 168, 169]. Allerdings ist dieser Capsaicin-Rezeptor, der uns bei besonders gut gewürzten Speisen zu Tränen rührt, nur bei Säugern vorhanden. Vögel besitzen ihn nicht, was es ihnen erlaubt, auch große Mengen von Chilischoten zu verzehren. So werden Wildtruthähne (*Meleagris gallopavo*) in Mexiko besonders gern zu Zeiten gejagt, wenn die Chilipflanzen Früchte bilden und die Vögel diese verzehren. Denn sie speichern Capsaicin in ihrem Muskelfleisch und sind damit auf natürliche Weise gewürzt.

Selbstmörderische Skorpione?

Angeblich neigen Skorpione zum Selbstmord. Der Mythos ist nicht totzukriegen, obwohl er eigentlich schon längst widerlegt ist: Skorpione sollen Selbstmord begehen, wenn sie in die Enge getrieben werden und keinen Ausweg finden, indem sie sich selbst stechen und damit ihrem Leben ein Ende setzen. So ist im „Illustrierten Familienblatt" *Die Gartenlaube* (Heft 4, S. 55–56) 1855 unter der Rubrik „Blätter und Blüthen" der Bericht eines unter H. W. anonym gebliebenen Autors abgedruckt, der den Selbstmord eines Skorpions beschreibt und der hier in gekürzter Form wiedergegeben wird:

> Es brachte der Wirth eine Schaufel voll glühender Kohlen, die er im Kreise um den Skorpion herum legte. Der Skorpion suchte sich davon zu machen und rückte auf die Kohlen los. Drei-, viermal machte er einen Angriff auf den glühenden Zirkel. Als er sah, daß diese Angriffe nach allen Richtungen vergeblich waren, zog er sich in die Mitte des Kreises zurück. Während dieser Versuche aber schien das Thier in eine entsetzliche Wuth gerathen zu sein; es schlug den Steinboden mit dem Giftstachel an seinem Schwanze und klappte verzweifelt seine Scheeren zusammen. Der Skorpion bäumte sich auf und zog den Stachel und den Kopf unter sich zusammen; nach wenigen Sekunden sahen wir ihn die Scheren, den Kopf und den Schwanz von sich strecken und kein Lebenszeichen mehr von sich geben.
>
> „Das ist das dritte Mal, daß ich auf diese Weise einen Skorpion zum Selbstmord gezwungen habe", sagte der Wirth lachend und legte den Selbstmörder auf den Tisch. „So klein diese Bestie auch ist, so kann kaum ein anderes Thier so viel Galle in sich tragen, wie dieses; in seiner Wuth hat er sich seinen Stachel in den Kopf gebohrt, und ist an seinem eigenen Gifte gestorben." Ich überzeugte mich, daß das Thier nicht an irgendeiner Brandwunde gestorben war, und kann also mit gutem Gewissen diesen unerhörten Selbstmord in die Naturgeschichte einregistriren.

Israelische Forscher hatten diesen Irrglauben schon 1972 widerlegt[170]. Französische Wissenschaftler wiesen nach, dass beispielsweise das Gift des nordafrikanischen Dickschwanz-Skorpions (*Androctonus australis*) keinerlei Wirkung auf seine Nervenfasern entfaltet[171]. Auch einzelne Toxine aus dem Gift haben keinerlei Einfluss auf das Muskel- und Nervengewebe des Skorpions. Seine Resistenz dem eigenen Gift gegenüber beruht offenbar darauf, dass für die Toxine die Bindungsstellen an den Ionenkanälen so modifiziert sind, dass sie dort nicht andocken können und ihre Wirkung somit ausbleibt.

Ein Skorpion hält zwar viel aus, wenn er beispielsweise der heißen Sonne der Sahara, seinem angestammten Lebensraum, ausgesetzt ist, doch hat wohl in dem oben beschriebenen Fall die extreme Hitze der glühenden Kohle seinem Leben ein Ende gesetzt.

Wenn alles nichts hilft ...

Spinnen fangen in ihren Netzen durchaus auch wehrhafte Insekten wie Bienen und Wespen. Die Gefahr, von ihnen gestochen zu werden, ist groß. Eine natürliche Immunität deren Giften gegenüber besitzen Spinnen nicht.

Wenn eine Radnetzspinne der Gattung *Argiope* von einer Raubwanze (*Phymata fasciata*) ins Bein gestochen wird, stößt sie es nach wenigen Sekunden ab[172]. Man nennt dies Autotomie, wie sie beispielsweise von Eidechsen bekannt ist, wenn man sie am Schwanz erwischt und diesen anschließend ohne Eidechse in der Hand hält. Bei den Spinnen erfolgt die Trennung ebenfalls an einer präformierten Stelle, hier zwischen dem ersten (Coxa) und zweiten (Trochanter) Beinglied. Durch Kontraktion der restlichen Muskulatur schließt sich das verbliebene Intersegmentalhäutchen und verhindert damit das Ausbluten und das Eindringen des Giftes in den Körper. Ganz praktisch, denn bei jungen Spinnen wird das fehlende Bein bei der nächsten Häutung wieder ersetzt.

Nicht der Stich selbst induziert die Autotomie, was ein Stich mit einer feinen Nadel in die Intersegmentalhaut oder selbst die Injektion von Kochsalzlösung zeigt: Hier erfolgt keine Reaktion. Gelingt es jedoch einer Biene oder Wespe in die Intersegmentalhaut zu stechen (durch die Chitinhülle des Beines kommt ihr Stachel nicht), so wird das Bein sofort abgestoßen. Dies lässt sich auch mit der Injektion winziger Mengen einzelner Inhaltsstoffe des Bienengiftes wie Histamin, Serotonin, Phospholipase A_2 und dem Peptid Melittin erzielen, die für die Schmerzwirkung des Giftes (beim Menschen) verantwortlich sind. Hier steht die Frage im Raum, ob Insekten überhaupt Schmerz empfinden, denn zwei der Bienengift-Komponenten, Acetylcholin und das Peptid Bradykinin, die definitiv Schmerz verursachen, bleiben bei der Spinne ohne Wirkung; sie behält ihr Bein. Vielleicht aber setzen diese Substanzen eher ein „Warnsystem“ in Gang, auf das die Spinne mit Autotomie reagiert, um eine Vergiftung zu vermeiden. Denn wird die Spinne experimentell am Abstoßen des betroffenen Beines gehindert, stirbt sie recht schnell am Bienengift.

Rüstungswettlauf

Leider ist dies ein allzu bekanntes Wort, welches das weltweit anhaltende Rennen um die Vormacht von Staaten mittels immer ausgeklügelter Waffentechnik beschreibt. Welchen Sinn hat es, wenn ein Land ein anderes nicht einmal, sondern gleich 100-fach auslöschen kann?

Ein Rüstungswettlauf findet allerdings auch ständig in der Natur statt, unter Tieren, zwischen Tieren und Pflanzen, ja sogar unter Pflanzen. Molche (*Taricha*-Arten) an der Westküste Nordamerikas enthalten beispielsweise hohe Konzentrationen von Tetrodotoxin, das sie eigentlich vor Fressfeinden wie Strumpfbandnattern (Gattung *Thamnophis*) schützen sollte. Doch treffen sie in ihrem Lebensraum auf Nattern, die sich daran angepasst haben und die hohen Toxinkonzentrationen tolerieren. Dort, wo die Molche kaum giftig sind, weisen auch die Nattern nur eine geringe Resistenz dem Toxin gegenüber auf (s. Seite 100).

Pflanzen haben Abwehrstoffe entwickelt, die ihre Fraßfeinde abschrecken sollen, was diese allerdings durch allerlei Tricks überwinden wie Resistenzentwicklung, rasche Ausscheidung oder Umwandlung der toxischen Inhaltsstoffe. Dies führte im Lauf der Evolution dazu, dass Pflanzen immer giftiger wurden und sich die Zahl der Fraßfeinde zwar reduzierte, aber immer noch genügend übrig blieben, um die nunmehr exklusive Nahrungsquelle zu nutzen; ein Beispiel dafür sind die Raupen der Monarchfalter (*Danaus plexippus*).

Unter Walnussbäumen (*Juglans regia*) sieht es meist recht öde aus. Grund dafür ist, dass die abgeworfenen Blätter ein in ihnen enthaltenes glykolisiertes Napthalen-Derivat abgeben, das mit dem Regen in den Boden gelangt. Dort wird es bakteriell zu Juglon abgebaut, welches die Keimung vieler Pflanzensamen hemmt. Damit schützt sich der Baum vor der Konkurrenz anderer Pflanzen und schafft sich einen Freiraum für ungehindertes Wachstum. Hinwiederum gibt es eine Reihe von Pflanzen, die Juglon tolerieren, etwa Anemonen, Narzissen oder auch der Haselnussstrauch.

Die Evolution treibt diesen Rüstungswettlauf voran. Die besonders starken Gifte bei Tieren und Pflanzen sind ein Ergebnis des Selektionsdrucks, den Fraß- bzw. Fressfeinde sowie Platzkonkurrenten ausüben.

Schlangenbrut und Otterngezücht

Unter diesen Bezeichnungen werden Schlangen in der Bibel meist abwertend dargestellt. Nur an wenigen Stellen wird ihnen mehr zugetraut: „Aber die Schlange war listiger als alle Tiere auf dem Felde" (1. Buch Moses, Kapitel 3,1) oder: „Seid klug wie die Schlangen …" (Matthäus 10,16).

John Cann hatte uns empfohlen: „Wenn ihr in Cooktown seid, besucht doch mal Charles Tanner, der hat die giftigste Schlange Australiens, den Inlandtaipan." John, der in Sydney lebt, zählt zu den berühmten „snakemen", die in Australien einen legendären Ruf genießen. Einerseits, weil sie geschickt, aber mit hohem Risiko Giftschlangen fangen, diese zahlendem Publikum vorführen (wie John sonntags in La Perouse, einem Stadtteil in Sydneys Süden), aber auch deren Gift für die Forschung und Entwicklung von Antiseren gewinnen[173].

Wir, Bernd Riedl, sein Bruder Robert, der nach Australien ausgewandert war, und ich hatten uns vorgenommen, die Cape-York-Halbinsel zu durchqueren, eine wilde einsame Gegend im Nordosten des Kontinents.

Charles Tanners Haus in der Nähe von Cooktown, dem letzten Außenposten vor dem Outback, war nicht leicht zu finden. Ein Farmer wies uns letztlich den Weg, der uns zu einer merkwürdigen Behausung führte: einem Haus, in dessen Wände unzählige Bierflaschen eingearbeitet waren! Charles, ein hochgewachsener Australier, begrüßte uns freundlich und führte uns auch gleich zu seiner Anlage: 2 × 2 m großen Freilandterrarien mit einem Aufsatz aus Maschendraht sowie Holzbehältern in der Art eines Kaninchenstalls, hinter deren Glasscheibe so ziemlich das Giftigste saß, was Australien an Giftschlangen aufzuweisen hat: Taipane (*Oxyuranus scutellatus*) aller Größen (▸ Abb. 31). Stolz erwähnte Charles, dass er sie auch züchte. Das Gift, das er gewinnt, verkauft er an das Commonwealth Serum Laboratory (CSL), das australische Seruminstitut in Melbourne. Aber das Tollste sollte noch kommen.

In kurzen Hosen und mit Badeschlappen an den Füßen stieg er in eines der Freilandterrarien, in welchem lange Tonröhren lagen. Mit einem Stöckchen rührte er in einer dieser Röhren herum und heraus schoss eine gut 2 m lange dunkelbraune Schlange, ein Inlandtaipan (*Parademansia microlepidotus*). Unbeeindruckt versuchte Charles ihn am Schwanz zu packen, was ihm nicht gelang, da das Tier flugs in der nächsten Tonröhre verschwand. Uns stockte der Atem eingedenk der hohen Toxizität seines Giftes. Sie seien keineswegs aggressiv und leicht zu handhaben, versicherte uns Charles.

Die giftigste Schlange

Nimmt schon der Taipan, der entlang der Ostküste Australiens heimisch ist, eine Spitzenstellung unter den Giftschlangen ein (die mittlere letale Dosis, LD_{50}, seines Giftes für Mäuse beträgt 0,99 mg/kg bei subkutaner Injektion), so ist das Gift des Inlandtaipans etwa viermal stärker (LD_{50}–0,025 mg/kg). Damit übertrifft der Inlandtaipan alle anderen Giftschlangen weltweit.

Beim Biss injiziert der Inlandtaipan einer Maus im Schnitt ca. 17 mg Gift[174], womit er theoretisch 8500 bis 17 000 Mäuse töten könnte, ein gigantischer Overkill also. Doch wozu braucht er ein so tolles Gift? Mit einem Gift geringerer Toxizität könnte der Inlandtaipan auch gut zurechtkommen.

Eine Antwort hierauf ist nur schwer zu finden. In dem Gebiet, in welchem er lebt, im trocknen, heißen Inneren Australiens, ist sein Tisch, was die Beutetiere angeht – Ratten und Eidechsen – nicht gerade reich gedeckt, so dass er bei einem Biss auf jeden Fall erfolgreich sein muss. Doch wissen wir über die Evolution der Schlangengifte noch nicht genug, um diese Frage nach der Giftstärke schlüssig beantworten zu können.

Clelia, die Schlangenfresserin

Die Mussurana, wie sie von den Brasilianern genannt wird, trägt den wissenschaftlichen Namen *Clelia clelia* und ist eine etwas über 2 m lange Schlange, die sich auf den Verzehr von Schlangen, darunter auch häufig giftigen, spezialisiert hat. Vital Brazil, der zu Beginn des letzten Jahrhunderts in São Paulo, Brasilien, das Instituto Butantan zur Gewinnung vom Antiseren gegen Schlangengift gründete, hat ihr ein Denkmal gesetzt: In Stein gemeißelt ist ihr Abbild über dem Portal des alten Hauptgebäudes angebracht (▸ Abb. 32). Vor allem die Landbevölkerung schätzt sie sehr, da sie besonders der zu Recht gefürchteten Jararaca (*Bothrops jararaca*) zu Leibe rückt, deren Biss lebensbedrohliche Folgen hat.

Ich habe die Mussurana erstmalig 1966 im Labor von Wolfgang Bücherl, einem deutschen Wissenschaftler am Instituto Butantan, zu Gesicht bekommen: eine tief dunkelblau bis schwarz gefärbte, metallisch glänzende Schlange mit makellos weißer Bauchseite, die sich problemlos aus ihrem Behälter nehmen ließ und sich anschließend um meinen Arm wickelte. Dabei verspürte ich einen leichten Druck durch ihre Schlingen.

„Du musst einmal einen Kampf der Mussurana mit einer Jararaca gesehen haben", sagte Bücherl und beschrieb ihn wie folgt:

> Die Mussurana stößt zu, packt die Jararaca, wo sie sie gerade erreichen kann, hebt ihren Kopf mit der Beute zwischen den Zähnen und umschnürt deren Leib mit so vielen von unten nach oben steigenden drosselnden, immer kleiner werdenden Ringen, wie ihre eigene Länge es erlaubt. Sie kann so kräftig pressen, dass zum Beispiel durch einen menschlichen Arm, den sie umschnürt, das Blut nur noch spärlich laufen kann. – Wer denkt dabei nicht an Laokoon? – Hat die Jararaca den Kopf noch frei, bohrt sie ihre Giftzähne – oft mehrmals nacheinander – tief in den Körper oder den Kopf der Mussurana, ohne ihr zu schaden; die ist immun. Meinem Tier wurde einmal sogar die Kopfkapsel durchbohrt; dicke Blutstropfen rannen heraus. Solche Gegenwehr macht aber die Angreiferin nur noch grimmiger. Sie zieht ihre Muskelringe mit solcher Gewalt zusammen, dass dem Opfer schließlich die Rippen brechen. Wenn die Jararaca erschlafft und keinen Widerstand mehr leistet, lockert die Mussurana ihre Ringe, löst ihr Maul von dem Leib der Gegnerin, sucht deren Kopf, beißt dann nochmals pfeilschnell zu und beginnt unverzüglich zu schlingen. Hierbei hakt sie abwechselnd die rechten und die linken zahnbewehrten Kiefer in das Fleisch der Jararaca und schiebt sich auf diese Weise über deren Kopf, über den Hals und den ganzen langen Leib. Hin und wieder legt sie eine Würgepause ein. Durch peristaltische Bewegungen befördert sie das Opfer in ihre hinteren Bauchpartien, bis nach zehn oder fünfzehn Minuten auch das Schwänzchen der einen Meter langen Jararaca verschwunden ist[175].

Der etwas angepasste Spruch Heinz Erhardts trifft die Situation recht genau: „Sie würgte eine Klapperschlang', bis ihre Klapper schlapper klang."

Bücherl hat Recht, die Mussurana ist in der Tat immun oder besser gesagt resistent gegenüber den Giften der südamerikanischen Lanzenottern (*Bothrops-* und *Lachesis*-Arten) und der Klapperschlangen (*Crotalus durissus*). Die Schlange überlebt Injektionen von 10 mg (*Bothrops*-Arten) bzw. 50 mg (*Crotalus durissus*), selbst auch von Kobragiften (20 mg, *Naja naja kaouthia, Naja melanoleuca*) ohne Anzeichen einer Vergiftung[176].

Felice Fontana, ein italienischer Naturforscher des 18. Jahrhunderts (1730–1805), war wohl der Erste, der in seinem Werk über das Gift der Vipern (Richerche Fisiche sopra il Veleno della Vipere) 1767 beschrieb, dass eine Viper – es handelt sich wohl um die Aspisviper (*Vipera aspis*) – gegen ihr eigenes Gift immun sei. Er reizte die Schlangen so lange, bis sie sich selbst bissen und stellte anschließend fest, dass sie ohne irgendwelche Vergiftungssymptome überlebten.

Dass Giftschlangen generell gegen ihr eigenes Gift resistent sind, wurde später mehrfach bestätigt. So injizierte der australische Pharmakologe Charles Kellaway[177] einer jungen Tigerotter (*Notechis scutatus*) die exorbitante Menge von 134 mg ihres eigenen Giftes, was diese ohne Folgen überlebte. Doch ist ihre Resistenz gegenüber dem Gift anderer Schlangen sehr begrenzt. Nach Injektion von 2,3 mg des Giftes einer Kobra (*Naja naja*) starb die Tigerschlange. Auch Klapperschlangen sind gegenüber ihrem eigenen Gift resistent, weniger allerdings gegenüber dem Gift anderer Klapperschlangen-Arten und gar nicht gegenüber Kobragift[178].

Offenbar handelt es sich dabei aber nicht um eine klassische Immunität, bei der Antikörper erst als Folge eines Antigen(Gift)-Kontakts vom Immunsystem gebildet werden, um sodann in einer Antigen-Antikörper-Bindung das Gift zu neutralisieren. Im Blut der Diamantklapperschlange (*Crotalus adamanteus*) sind es keine Immunglobuline, sondern Albumin-ähnliche Proteine, die ihr Gift neutralisieren[179]. Zu ähnlichen Ergebnissen waren israelische Forscher gekommen, als sie mit dem Blutserum der Palästina-Viper (*Vipera palaestinae*) das Neurotoxin in ihrem Gift neutralisieren konnten[180]. Der hierfür in Frage kommende Blutfaktor konnte der α-Globulin-Fraktion zugeordnet werden.

Proteine, die hämorrhagische, gefäßzerstörende Faktoren oder die neurotoxische und myotoxische, die Muskulatur zersetzende Aktivitäten von Phospholipid-spaltenden Enzymen (Phospholipase A_2) in den Giften hemmen bzw. neutralisieren, hat man aus dem Serum verschiedener Giftschlangen, aber auch des ungiftigen Netzpythons (*Python reticulatus*) isoliert. In allen Fällen zählen diese Serumbestandteile nicht zu den Immunglobulinen, sondern es sind Proteine, die mit den entsprechenden Giftkomponenten eine Bindung eingehen und sie damit unwirksam machen[181, 182]. So sind die antihämorrhagischen Faktoren im Serum der asiatischen Grubenottern, *Trimeresurus flavoviridis* und *Gloydius blomhoffi brevicaudus*, strukturell eng mit den Fetuinen verwandt[183]. Dies sind Glykoproteine, die auch im Serum des Menschen vorkommen und die spezifisch Kalzium in Form von Apatitkristallen binden. Sie verhindern, dass es bei einem Überschuss an Kalzium und

Phosphat zur spontanen Bildung von Hydroxylapatit kommt, das sich in den Nieren ablagert und dort als Calcinose zu Nierenversagen führt, aber auch kleine Gefäße verstopft. Diese Funktion hat das Fetuin auch im Schlangenserum, wobei Abkömmlinge dieser Proteinfamilie die Schlange vor der schädigenden Wirkung ihres eigenen Giftes schützen. Man spricht daher auch eher von angeborenen Abwehrmechanismen dem Gift gegenüber – im Gegensatz zu erworbener Immunität.

Sich selbst nicht vergiften

Für Gifttiere allgemein ist es überlebenswichtig, dass sie die hohen Konzentrationen ihres Giftes, das sie in ihren Giftdrüsen bilden, schadlos tolerieren können. Denn wie leicht gelangen selbst Spuren in ihr Blut – abgesehen davon, wenn sie im Streit um die Beute von Konkurrenten der eigenen Art gebissen werden.

Rikki und seine Brüder

> Ein Mungo war Rikki – nach Pelz und buschiger Rute glich er fast einer Katze, doch Kopf und Art waren die eines Wiesels. Seine Augen und die immer bewegliche Nase schimmerten rosig ... Seine Rute konnte er aufplustern, dass sie wie eine Flaschenbürste aussah; und wenn er durch das hohe Gras schnürte, ließ er seinen pfeifenden Schlachtruf ertönen: Rikki-Tikki-Tikki-Tschick!

Eine treffende Beschreibung eines indischen Mungos (*Herpestes edwardsii*) aus der Familie der Mangusten, dem Rudyard Kipling in seinem 1894 erschienenen *Dschungelbuch* ein Denkmal gesetzt hat (▸ Abb. 33). Rikki-Tikki-Tavi, wie er den Mungo nennt, rettet mehrfach eine Familie vor den Angriffen von Nag und Nagaina, zweier Königskobras (*Ophiophagus hannah*), und eines Kraits (Gattung *Bungarus*) namens Karait. Den Kampf zwischen Mungo und Schlange schildert Kipling wie folgt:

> Rikki tänzelte vor und zurück, während er nach einer Stelle zum Zufassen suchte. Karait stieß zu. Rikki sprang zur Seite und wollte schon zum Angriff übergehen; aber da stieß Karait zum zweiten Mal zu, und der kleine, graue Kopf schoss um Haaresbreite an Rikkis Schulter vorbei. Dieser musste über die Schlange hinwegspringen,

> deren Kopf sich wieder rasch drehte ... Da schnellte Rikki vorwärts, nahm die Schlange zwischen die Läufe und biss mit gesenktem Fang tief in den Rücken, dicht hinterm Kopfe, und dann rollte er auf dem Kieswege mit dem zuckenden Körper zwischen den scharfen Zähnen. Der Biss hatte Karait erledigt.

Und weiter führt Kipling aus:

> In alten Büchern kann man lesen, dass die Mungos sich durch ein Kraut zu heilen wissen, wenn sie beim Kampf mit einer Schlange gebissen werden. Aber das ist ein Märchen. Schärfe des Auges und Schnelligkeit allein entscheiden bei einem solchen Kampf-Stoß der Kobra gegen den Ansprung des Mungos. Aber da kein Auge scharf genug ist, den blitzschnellen Bewegungen des zustoßenden Schlangenkopfes zu folgen, so ist der Kampf des Mungos mit der Kobra an sich wunderbar genug, auch ohne die Sage vom Zauberkraut.

Kipling hat zwar Recht, wenn er sagt, es sei ein Märchen, dass sich Mungos mit einem Kraut vor einer tödlichen Vergiftung nach dem Biss einer Schlange schützen. Er irrt aber, wenn er meint, dass allein Geschick und Schnelligkeit des Mungos beim Kampf mit der Schlange einen Biss und damit eine Vergiftung verhindert. Denn er ist sehr wohl gegen das tödliche Gift gewappnet, sogar gleich zweifach.

Zum einen enthält der indische Mungo (*Herpestes edwardsii*) in seinem Blut Proteine, die in ihrer Struktur und Wirkungsweise denen des Opossums (s. unten) ähnlich sind: Sie bilden Komplexe mit den eiweißzersetzenden Proteasen im Schlangengift, die in ihrem aktiven Zentrum ein Zink-Atom enthalten und damit zu den Metalloproteasen zählen. Dies verhindert, dass diese Enzyme ihre hämorrhagische Wirkung entfalten können: Zerstören der Blutkapillaren mit anschließender Blutung ins Gewebe[184, 185]. Zum anderen trifft der Mungo in Indien vor allem auf Kobras und Kraits, wie dies auch Kipling geschildert hat. Da würden diese Faktoren in seinem Blut kaum helfen, denn deren Gift besitzt in hohem Maße neurotoxische Eigenschaften. Es besteht im Wesentlichen aus Peptiden, die ähnlich dem Pfeilgift Curare an den Nervenendplatten binden und damit die Erregungsübertragung vom Nerv auf den Muskel verhindern.

Eine israelische Forschergruppe fand heraus, dass diese Neurotoxine nicht an der neuromuskulären Endplatte des ägyptischen Mungos (*Herpestes ichneumon*), aber auch nicht an der seiner Beute, der Kobra (*Naja naja*) binden[102, 186]. Die Acetylcholin-Rezeptoren, die an der Nervenendplatte für die Erregungsübertragung sorgen, vermittelt durch den Neurotransmitter Acetylcholin, werden bei Mäusen und auch beim Menschen durch die Neurotoxine blockiert. Diese besetzen die Stelle, an der normalerweise Acetylcholin bindet. Beim Menschen beispielsweise resultiert dies in einer schlaffen Lähmung der Muskulatur, was zum Tod führt, wenn die Atemmuskulatur davon betroffen ist; und dies geschieht bei vollem Bewusstsein. Es ist eine sehr effektive Methode, ein Beutetier rasch zu töten.

Beim Mungo wie bei der Kobra ist die besagte Bindungsstelle für Acetylcholin modifiziert. Zwar sind hier zwei Aminosäuren im Rezeptormolekül ausgetauscht, doch macht dies allein ihn noch nicht für die Neurotoxine unempfindlich. Erst die Glykosylierung einer der Aminosäuren, des Asparagins, seine Verbindung mit einem Zuckerrest, verhindert, dass die Neurotoxine dort andocken können[187]. Bei der Kobra (Gattung *Naja*) verhält es sich übrigens genauso. Entfernt man allerdings den Zuckerrest, so ist der Acetylcholin-Rezeptor wieder für die Neurotoxine empfindlich und wird von ihnen blockiert[188].

Zumindest der ägyptische Mungo weist noch eine weitere Besonderheit auf. Das Gift der Erdviper (*Atractaspis engaddensis*), auch ein potenzielles Opfer des Mungos, enthält Peptide, sogenannte Sarafotoxine, die zu den aktivsten Schlangengift-Komponenten zählen. Sie sind in ihrer Struktur sehr eng mit den Endothelinen verwandt. Dies sind Peptide in Zellen, die als Endothel die innere Wandschicht der Blutgefäße auskleiden. Sie spielen bei der Regulation des Blutdrucks eine wichtige Rolle[189]. Während die Sarafotoxine bei Mäusen binnen weniger Minuten zum Tode führen, ist der Mungo diesen Toxinen gegenüber resistent[190]. Man vermutet, dass die Toxine zwar an einem Rezeptor binden, aber dort keine weiteren Reaktionen wie Gefäßkontraktionen bewirken. Möglicherweise spielt auch hier der Austausch einzelner Aminosäuren im Rezeptormolekül eine Rolle. Weitere Untersuchungen zu den genauen Mechanismen konnten die israelischen Forscher seither nicht durchführen, da der Mungo in Israel zu den geschützten Arten zählt.

... und andere Kampfgenossen

Der Kalifornische Ziesel (*Spermophilus beecheyi*), ein Vertreter der Erdhörnchen, scheint in gewissem Umfang gegen das Gift von Klapperschlangen resistent zu sein. So hemmt sein Serum die proteolytische Aktivität deren Giftes[191]. Ausschlaggebend hierfür ist vor allem ein Protein, das spezifisch Metalloproteasen inhibiert, die für die dramatische gewebszerstörende Wirkung der Klapperschlangengifte verantwortlich sind[192].

Opossums sind mit über 5 kg Körpergewicht und bis zu 50 cm Körperlänge die größten Beutelratten (▸ Abb. 34). Sie bewohnen den amerikanischen Kontinent vom südlichen Kanada bis zum nördlichen Argentinien. Eigentlich sind sie Allesfresser, doch die größten unter ihnen aus den Gattungen *Didelphis*, *Lutreolina* und *Philander* machen auch Jagd auf Schlangen, darunter Klapperschlangen (*Crotalus*-Arten) und Lanzenottern (*Bothrops*-Arten)[193]. Zwischen Opossum und Schlange entspinnt sich meist ein heftiger Kampf, in dessen Verlauf das Opossum mehrfach gebissen wird, was es allerdings folgenlos überlebt.

Jean Vellard[194] bestätigte die Vermutung, dass Opossums resistent gegenüber dem Gift der Schlangen sind. Er injizierte ihnen bis zu 400 mg Gift von *Bothrops*-Arten, was die Tiere regelmäßig tolerierten, ohne Vergiftungssymptome zu entwickeln. In den folgenden Jahren wurde mehrfach nachgewiesen, dass hierfür Proteine in Serum von *Didelphis*-Arten verantwortlich sind, welche die wichtigsten Giftkomponenten hemmen: gewebszerstörende Metalloproteasen sowie neurotoxische und myolytische, das Muskelgewebe auflösende Phospholipasen A_2, ähnlich wie dies auch bei Seren von Giftschlangen zu beobachten ist[181]. Außerdem zeigte es sich, dass Opossums, wenn man sie mit steigenden Dosen Schlangengift zu immunisieren versucht (bis 350 mg Gift pro kg), keine Antikörper bilden[191]. Offenbar sorgen die sie schützenden Proteine im Blut dafür, dass das Gift gebunden und ausgeschieden wird, bevor es die Bildung von Antikörpern anregen kann.

Die aus dem Serum des Südopossums (*Didelphis marsupialis*) isolierten Proteine bilden stabile Komplexe mit den Metalloproteasen und den Phospholipasen im Schlangengift, was deren Aktivität hemmt und das Opossum vor einer Vergiftung schützt[182, 196]. Sie sind mit dem α_1B-Glykoprotein im Serum des Menschen eng verwandt, das strukturelle Ähnlichkeiten mit Immunglobulinen aufweist, aber dessen eigentliche Funktion noch unbekannt ist. Möglicherweise hat es, wie auch die Opossum-Proteine, eine angeborene Schutzfunktion, indem es schädliche Proteine bindet und diese damit inaktiviert. Allerdings ist der Mensch damit leider nicht vor Schlangengift geschützt.

Interessanterweise sind aber nur die Opossum-Arten gegenüber Schlangengift resistent, die Jagd auf Schlangen machen. Kleinere Arten, die sich überwiegend von Insekten ernähren, sind es jedenfalls nicht und fallen daher oft Giftschlangen zum Opfer[193].

Opossums gehen sehr fürsorglich mit ihrem Nachwuchs um. Nicht nur, dass sie ihn in ihrem Beutel tragen und dort säugen, sie geben auch mit der Muttermilch die Proteine weiter, die ihn vor Schlangengift schützen[197].

Giftige Leibspeise

Die Weißkopfmimose (*Leucaena leucocephala*) stammt ursprünglich aus Mexiko und Mittelamerika, wo sie wegen ihres hohen Proteingehaltes als Viehfutter geschätzt ist. Man hat sie daraufhin in Afrika, Asien und Australien eingeführt, wo sie sich massiv ausgebreitet hat und zum Teil einheimische Mimosen verdrängt. Während in Mexiko Wiederkäuer wie Rinder, Schafe und Ziegen keine Probleme mit dem Verzehr der Blätter hatten, zeigten sie in Afrika und Australien Vergiftungserscheinungen. Verantwortlich hierfür ist Mimosin, eine toxische Aminosäure, die im Pansen der Tiere zu 3-Hydroxy-4(1H)-pyridon (3,4-DHP) umgewandelt wird; die Folge ist eine Vergrößerung der Schilddrüse und eine dramatische Abnahme des Hormons Thyroxin, eine Hypothyreose, die beim Menschen zur Kropfbildung führt. Wenn der Anteil der Mimose im Futter mehr als 30 % beträgt, werden die Tiere träge, fressen wenig, magern ab und verlieren ihre Haare.

Dass bei mexikanischen Rindern und Ziegen diese Symptome nicht auftreten, ist Bakterien zu verdanken, die im Pansen der Wiederkäuer den Mimosin-Metaboliten 3,4-DHP abbauen. Mitte der 80er Jahre hat man Bakterienkulturen, die aus der Pansenflüssigkeit von Ziegen in Hawaii isoliert wurden, Ziegen und Rindern in Australien verabreicht[198]. Tiere, die anschließend ausschließlich mit Mimosenblättern gefüttert wurden, zeigten keine Vergiftungssymptome, bereits erkrankte Tiere erholten sich schnell wieder. Daraufhin begann man, Rindern, Schafen und Ziegen in Afrika ebenfalls diese Bakterienkulturen einzuflößen, mit gleichem Erfolg. Einmal in eine Herde eingebracht, werden die Bakterien durch gegenseitiges Belecken und Kontakt mit dem Kot der Tiere weitergegeben, so dass die Weißkopfmimose ohne Probleme verfüttert werden kann. Überwiegend handelt es sich um das Bakterium *Synergistes jonesii*, das unter den anaeroben, sauerstoffarmen Bedingungen im Pansen der Wiederkäuer prächtig gedeiht und die toxischen Metabolite entgiftet[192]. Gut auch für den Menschen, der damit Milch und Fleisch frei von Pflanzengiften erhält.

Allerdings können nur Wiederkäuer die Mimose als Futter nutzen. Ihr vierkammriger Magen, besonders der Pansen, bietet optimale Bedingungen zur Ansiedlung symbiontischer Mikroorganismen, die nicht nur für die Verwertung von Kohlehydraten im Futter sorgen. Sie leisten auch einen wichtigen Beitrag zur Entgiftung der zahlreichen pflanzlichen Sekundärmetaboliten.

Menschen sind da schlechter vorbereitet. Die Verwertung der Nahrung findet im Darm mit weitaus weniger Symbionten als im Pansen der Wiederkäuer statt, einem „Bioreaktor", wie er nicht besser unter künstlichen Bedingungen funktionieren kann. So heißt es für uns, die Nahrung aufzubereiten und bestimmte Pflanzen zu meiden, um eine Vergiftung auszuschließen. Dazu später mehr.

Sehr wählerisch

Koalas (*Phascolarctos cinereus*), klassische Repräsentanten des sechsten Kontinents Australien, sind extreme Nahrungsspezialisten (▸Abb. 35). Nur die Blätter von Eukalyptusbäumen, von denen es in Australien mehr als 600 Arten gibt, und auch nicht die von jedem Baum nehmen sie als Nahrung an, was ihre Haltung in zoologischen Gärten außerhalb ihres Heimatlandes kostspielig macht. Ausschlaggebend für die Wahl nur bestimmter *Eucalyptus*-Arten ist der Gehalt an Abwehrstoffen in den Blättern. Dabei handelt es sich um komplexe Formylphloroglucinol-Verbindungen, die stark schleimhautreizend sind und die Koalas abschrecken. Sie wählen daher nur Bäume aus, deren Blätter sehr wenig oder gar nichts von diesen Stoffen enthalten. Die Vermeidung von Giftigkeit führt dazu, dass Koalas ständig auf der Suche nach geeigneten Nahrungsressourcen sind, was ihre Verbreitung einschränkt und keine großen Populationen entstehen lässt – schon allein durch die Konkurrenz von Artgenossen bei limitiertem Nahrungsangebot[200, 201].

Die Tricks der Giraffen

Wer im südlichen Afrika reist, weiß es zu schätzen: ein Kudu-Steak, medium gebraten, mit wenig Fett und typischem Wildgeschmack. Lieferant ist der Große Kudu (*Strepsiceros zambesiensis*), eine stattliche Antilope, die im südlichen Afrika weit verbreitet ist und deren Fleisch hochgeschätzt wird. So gingen viele Farmer dazu über, Kudus in Gehegen zu züchten, um von der gestiegenen Nachfrage zu profitieren. Doch dauerte es nicht lange, bis es 1984 zu einem Massensterben unter den Kudus kam, dem mehr als 3000 Tiere zum Opfer fielen – wohlgemerkt fast ausschließlich Kudus in Gehegen mit Akazien, deren Blätter ihre Hauptnahrung darstellen. Die Ursachen waren zunächst unbekannt. Trotz anhaltender Trockenheit litten die Tiere nicht unter Wassermangel oder Parasitenbefall. Akazien waren ebenfalls ausreichend vorhanden. Trotzdem erschienen die Kudus unterernährt, obwohl der Magen der toten Tiere reichlich mit Akazienblättern gefüllt war.

Der Biologe Wouter van Hoven in Südafrika fand heraus, dass die Akazienblätter einen außergewöhnlich hohen Gehalt an Tanninen (Polyphenolen) aufwiesen, Gerbstoffen, mit denen sich die Pflanzen gegen ihre Fressfeinde wehren. Tannine schmecken bitter und schrecken schon dadurch ab. Nehmen die Tiere sie dennoch auf, denaturieren die Tannine Proteine, indem sie mit ihnen unverdauliche Komplexe bilden, und inaktivieren darüber hinaus noch die Verdauungsenzyme. Tiere sterben als Folge davon an Unterernährung. Doch warum starben die Kudus in den Gehegen, wenn sie ihre bevorzugte Futterpflanze verzehrt hatten? Draußen in der Wildnis kam dies viel seltener vor[202].

Einer Lösung kam van Hoven näher, als er Giraffen beim Äsen an Akazienbäumen beobachtete (▸Abb. 36). Ihm fiel auf, dass sie nie länger als 10 Minuten am gleichen Baum fraßen und dann zu einer anderen Akazie wechselten. Darüber hinaus liefen sie stets gegen die Windrichtung, offenbar nicht nur, um Raubtieren keine Witterung zu verschaffen[203].

Wenn an den Ästen gezupft wird, reagieren Akazien recht schnell mit erhöhten Tannin-Konzentrationen in ihren Blättern, damit nicht zu viele davon abgefressen werden. Gleichzeitig setzen sie das gasförmige Ethylen frei, was bei anderen Akazien dazu führt, dass auch dort der Tanningehalt ansteigt. Eine Vergiftung durch Tannine vermeiden Giraffen und Kudus, indem sie ihre Futterpflanze häufig wechseln, was den Kudus in den Gehegen in diesem Umfang nicht möglich war; sie verzehrten immer mehr Blätter mit hohem Tanningehalt, was schließlich ihren Tod zur Folge hatte.

Ethylen spielt als Botenstoff im Pflanzenreich eine große Rolle[204]. Es ist ein Phytohormon und stimuliert beispielsweise die Blüten- und Blattbildung, Fruchtreifung und wie im vorliegenden Fall den Stoffwechsel zur Bildung von Tanninen. Pflanzen scheinen auf diese Weise gleichsam zu kommunizieren. Verwegene Forscher gehen sogar so weit, von einer „Pflanzenintelligenz“ zu sprechen[205].

Pflanzenfresser wie Giraffen und Kudus haben somit ihre eigene Strategie entwickelt, die chemische Abwehr ihrer Futterpflanze zu unterlaufen. Sie ziehen einfach weiter zur nächsten Akazie und vermeiden so die wenig später mit hohem Tanningehalt angereicherten Blätter. Den Farmern bleibt nur die Wahl zuzufüttern, um Vergiftungen bei ihren Kudus zu vermeiden.

Die Mahlzeit der Schnecken

„Hilfe, die Schnecken sind los!“ ist der Schreckensruf eines Kleingärtners. Sie sind seine erklärten Feinde: Wegschnecken der Gattung *Arion* und unter diesen insbesondere die rotbraune Spanische Wegschnecke *Arion lusitanicus*. Man hielt sie bisher immer für eine aus der Iberischen Halbinsel eingeschleppte Art, bis kürzlich nachgewiesen wurde, dass sie schon lange in Zentraleuropa heimisch ist[206]. Erst veränderte, für sie günstige Umweltbedingungen haben ihre explosionsartige Ausbreitung ermöglicht. Inzwischen hat sie sogar die Rote Wegschnecke (*Arion rufus*) verdrängt, die mittlerweile in einigen Gegenden auf der Roten Liste bedrohter Tierarten erscheint. Zum Schrecken des Gärtners sind diese Schnecken in der Lage, ein Salatfeld über Nacht abzugrasen und nur noch spärliche Reste zurückzulassen. Kein Wunder also, dass eine Reihe von Molluskiziden (Schneckenkorn, Schneckentod auf der Basis von Eisen-III-phosphat oder Metaldehyd etc.) reichlich im Gebrauch sind – allerdings mit wechselndem Erfolg.

Wegschnecken besitzen ein weites Nahrungsspektrum, sie verzehren sogar Pflanzen, die normalerweise von anderen Pflanzenfressern gemieden werden; dazu gehören auch Arten, die beispielsweise toxische Alkaloide enthalten[207]. Versuche mit der Spanischen Wegschnecke haben ergeben, dass sie eine erstaunlich hohe Toleranz gegenüber Alkaloiden wie Lupamin, Atropin oder Cytisin aufweist, die 10- bis 20-fach über der von Wirbeltieren liegt[208]. Die Schnecke entgiftet diese Alkaloide in ihrer Mitteldarmdrüse mit Hilfe sehr aktiver Enzyme. Selbst mit den gängigen Chemikalien zur Schneckenbekämpfung wie Metaldehyd und Methiocarb wird sie problemlos fertig. Ein Teil der aufgenommenen Toxine erscheint sogar im Schleim, den sie bei Gefahr vermehrt ausscheidet, was man als chemische Verteidigung ansehen kann.

Koffein und Nikotin

Kaffee- und Tabakpflanzen sind die vom Menschen am meisten genutzten Genusspflanzen. Gleichwohl zählen die in den Bohnen bzw. Blättern enthaltenen Alkaloide, das Koffein und das Nikotin, zu den stärksten Giften. In geringer Dosierung ist ihre anregende, aber auch entspannende Wirkung geschätzt, doch besitzt vor allem Nikotin ein hohes Abhängigkeitspotenzial mit gesundheitlich negativen Auswirkungen.

Tabakpflanzen (*Nicotiana tabacum*) werden in großen Plantagen angebaut. Eigentlich sollten die Pflanzen vor dem Heer der Insekten durch ihren hohen Nikotingehalt vortrefflich geschützt sein. Doch sind die Raupen des Tabakschwärmers (*Manduca sexta*) geradezu auf diese Pflanze spezialisiert. In kurzer Zeit können sie eine ganze Tabakplantage vernichten, was sich nur durch Einsatz von Pflanzenschutzmitteln verhindern lässt (Raucher sollten dies bedenken). Aber auch die Raupen der Zuckerrübeneule (*Spodoptera exigua*) und selbst des Totenkopfschwärmers (*Acherontia atropos*) nutzen sie gelegentlich als Nahrungspflanze. Wie überleben diese Schmetterlinge die hohen Nikotinkonzentrationen, die sie damit aufnehmen?

Nikotin ist der klassische Aktivator von Rezeptoren des Neurotransmitters Acetylcholin, die man mit diesem Alkaloid charakterisiert hat. Man spricht in diesem Fall von nikotinischen Acetylcholin-Rezeptoren, im Gegensatz zu den muskarinischen Acetylcholin-Rezeptoren, die durch das Pilzgift Muskarin stimuliert werden, ein Toxin, das ursprünglich im Fliegenpilz entdeckt wurde.

Die beste Methode, sich vor dem toxischen Nikotin zu schützen, wäre es, seine eigenen Acetylcholin-Rezeptoren so zu modifizieren, dass das Toxin dort nicht mehr andocken kann. Doch hat es sich bei allen genannten Schmetterlingen gezeigt, dass sie diesen Weg nicht beschreiten: ihre Rezeptoren sind nach wie vor hochempfindlich für Nikotin[209]. Bleibt nur die rasche Ausscheidung als Ausweg.

Die Raupen des Tabakschwärmers nutzen die letztgenannte Methode; sie scheiden Nikotin rasch unverändert aus, behalten jedoch einen kleinen Teil davon, um ihn zur Abwehr von Fressfeinden wie Spinnen zu nutzen[210]. Die Zuckerrübeneule hingegen entgiftet Nikotin zu Nikotin-N-oxid und Cotinin, verzichtet damit allerdings auf den Schutz vor Feinden, den ihnen nur das unveränderte Nikotin gewährt.

Doch mit Ausnahme des Tabakschwärmers ist die Tabakpflanze für die Raupen der Falter nicht die Nahrungspflanze der Wahl. Wenn irgend möglich weichen sie auf andere, weniger giftige Pflanzen aus der Familie der Nachtschattengewächse, zu denen ja auch der Tabak gehört, aus. Wenn sie nur Tabakpflanzen vorfinden, zahlen die Raupen ihren Zoll nicht selten mit vermindertem Wachstum und erhöhter Sterblichkeitsrate.

Einer der wichtigsten Schädlinge des Anbaus von Kaffee (*Coffea arabica*) weltweit ist der Kaffeekirschkäfer (*Hypothenemus hampei*). Die Weibchen des nur 2 mm großen Käfers fressen das Fruchtfleisch der Kaffeekirschen und legen dort über 100 Eier ab. Die ausschlüpfenden Larven fressen sich anschließend bis ins Innere des Endosperms, der Bohne also, hindurch, wo sie sich auch verpuppen. Ihren gesamten Lebenszyklus verbringen die Käfer somit auf bzw. in der Kaffeekirsche und sind demgemäß stets einer hohen Koffeinkonzentration (bis zu 17 mg/g Bohne) ausgesetzt, was die meisten anderen Insekten abschreckt. Denn das Alkaloid schmeckt nicht nur sehr bitter, sondern führt auch zu tödlichen Vergiftungen.

Dem Käfer allerdings gelingt es problemlos, selbst hohe Dosen an Koffein zu tolerieren. Er scheidet es keineswegs aus, sondern entgiftet das Alkaloid mit Hilfe seiner Darmflora. Vor allem *Pseudomonas*-Bakterien nutzen Koffein als Kohlenstoff- und Stickstoffquelle. Behandelt man den Käfer mit Antibiotika, so scheidet er Koffein aus. Dies bleibt jedoch nicht ohne Folgen. Die Weibchen legen zu 95 % weniger Eier, die ausschlüpfenden Larven sterben meist vor der Verpuppung ab oder aus den Puppen schlüpfen keine Käfer[211]. Gift bleibt eben Gift.

Blattschneiderameisen

In den Tropen der neuen Welt zählt eine Begegnung mit Blattschneiderameisen (Gattungen *Atta* und *Acromyrmex*) zu den eindrucksvollsten Erlebnissen. In oft hunderte Meter langen Kolonnen trägt jede Ameise ein ausgeschnittenes Blattstück, das Mehrfache ihrer Körpergröße (▸ Abb. 37). Damit verschwinden sie in ihrem Bau, wo bereits Arbeiterinnen darauf warten, das eingebrachte Pflanzenmaterial in kleine Stücke zu zerlegen und an Kolleginnen weiterzureichen. Diese zerkauen die Blattstückchen zu einem feinen Brei, den sie in ihrem Pilzgarten ablegen. Auf diesem Substrat wächst schimmelartig ein Pilz, *Leucocoprinus gongylophorus*, der sorgfältig gepflegt und von konkurrierenden Pilzarten freigehalten wird. Die Enden der Pilzfäden werden regelmäßig abgebissen, worauf sich knollenartige Verdickungen bilden, sogenannte Gongylidien. Der Pilz bildet die ausschließliche Nahrungsgrundlage der Ameisenkolonie. Sie kann ohne ihn nicht existieren. Erstaunlicherweise bestehen Kolonien von *Atta*-Arten aus mehreren Millionen Arbeiterinnen, die alle auf eine perfekte Pflege und Organisation ihrer Pilzkulturen angewiesen sind.

Doch Pflanzen wehren sich mit einer Vielzahl von zum Teil toxischen Sekundärmetaboliten. Am weitesten verbreitet sind Polyphenol-Verbindungen wie Tannine und Flavonoide in den Blättern. Sie sollen abschrecken und machen das Pflanzenmaterial zumindest schwer verdaulich. Säugetiere können dem meist nur mit Hilfe von Mikroorganismen begegnen, die im Darm Tannine und ähnliche Verbindungen oxidieren und damit entgiften.

Blattschneiderameisen stehen vor dem gleichen Problem. Die Blätter, die sie heimbringen, enthalten meist genug Polyphenole, die sie ungenießbar machen und auch die Pilze in ihrem Wachstum erheblich beeinträchtigen. Wie löst man dieses Problem?

Generell sind Pilze gut gerüstet, mit solchen Stoffen fertigzuwerden, denn sie sind ja maßgeblich an der Zersetzung des Falllaubs beteiligt. In der Tat produzieren die Pilze im Bau der Blattschneiderameisen eine Reihe von Enzymen, sogenannte Laccasen, die Polyphenole abbauen. Sie sind überwiegend in den Gongylidien enthalten, die die Ameisen bevorzugt verzehren. Erstaunlicherweise passieren diese Enzyme den Darm der Ameisen unverändert und bleiben aktiv. Sie werden in den Kottropfen mit ausgeschieden, die die Ameisen auf den Pflanzenbrei in der Pilzkolonie aufbringen. Dort im Pflanzenbrei ist die Enzymaktivität anschließend am höchsten und die Polyphenole werden rasch abgebaut. Die zarten Pilzhyphen sind hierzu kaum in der Lage und würden ohne diesen Abbau sogar in ihrem Wachstum gehindert. Dank der Ameisen jedoch besteht diese Gefahr nicht, sie bringen die Laccasen über ihren Kot direkt an die Stelle, wo sie am nötigsten gebraucht werden. Die Ameisen selbst werden kaum mit den Polyphenolen fertig und überlassen es ihren Pilzkulturen, ihnen die Nahrung aufzubereiten und zu entgiften[212].

So basiert die enge Symbiose der Ameise mit ihren Pilzen darauf, dass die Abwehrstoffe der Pflanzen mit Hilfe der Pilzenzyme entgiftet werden. Beide Partner profitieren davon: die Ameisen gewinnen eine hochwertige, eiweißreiche Nahrung, der Pilz erhält kontinuierlich Substrat und Nährstoffe zum Wachstum und wird gleichzeitig vor Konkurrenten geschützt. Diese Beziehung, die vor geschätzten 8 bis 12 Millionen Jahren entstanden ist, ermöglichte die erfolgreiche Ausbreitung der Blattschneiderameisen mit ihren riesigen Kolonien.

Heerwürmer

Tom Lippert aus Bixby, Oklahoma (USA) traute seinen Augen nicht. Der Rasen vor seinem Haus, der zuvor noch üppig grün sprießte, existierte nicht mehr. Überall wimmelte es von Raupen: „Sie haben meinen Rasen aufgefressen."

Kaum anders erging es Farmer Walter Brown in Kentucky, nachdem ihm sein Nachbar zugerufen hatte: „Schau mal nach deinem Maisfeld, da sind Schädlinge am Werk!" In der Tat bot das Maisfeld einen traurigen Anblick.

Alle Blätter der Pflanzen waren bis zum Fruchtstand abgefressen, auch hier: überall Raupen. „Man konnte über das Feld laufen und trat bei jedem Schritt auf 30 bis 40 Raupen", bemerkte John Hemond, ein Farmer aus Minot im Staat Maine. Auch die Heuernte ist in Gefahr, wenn die Raupen über die Wiese herfallen.

Die Amerikaner nennen sie „army worms", auf Deutsch: „Heerwürmer", Raupen des Eulenfalters *Spodoptera frugiperda*, die immer wieder auf den Maisfeldern in den Vereinigten Staaten große Schäden anrichten. Ein Falterweibchen legt bis zu 2000 Eier. Die ausschlüpfenden Raupen ernähren sich bevorzugt von Maispflanzen und Gras, wobei sie zwei Tage vor ihrer Verpuppung im Boden am meisten fressen und dadurch den größten Schaden verursachen.

Auch in anderen Ländern wie in Brasilien und Afrika sind *Spodoptera*-Raupen eine Plage. Selbst gegenüber transgenem Bt-Mais, in dem Gene des Bakteriums *Bacillus thuringiensis* eingeschleust wurden – diese bilden Toxine, die für die Larven von Insekten in der Regel tödlich sind-, sind sie weitgehend resistent.

Eigentlich sind Gräser und Getreidepflanzen gegen Fraßschädlinge gut gerüstet. In ihren Zellen speichern sie als Abwehrstoffe das toxische Benzoxazin, ein Glykosid. Im Darm von Insekten wird das Toxin freigesetzt, indem eine Glucosidase aus den Gräsern den Zuckerrest abspaltet. Das nunmehr aktive Toxin tötet die Insekten oder hemmt zumindest ihr Wachstum. Diese Abwehr versagt jedoch bei *Spodoptera*-Raupen.

Um einer Vergiftung zu entgehen, wenden diese Tiere einen Trick an. Sie entgiften das Molekül, indem sie wieder einen Zuckerrest anbinden, es also wieder glykosilieren. Damit dieser Rest nicht umgehend wieder von den pflanzlichen Enzymen abgespalten wird, ist der Zucker stereoisomer, d.h. spiegelbildlich gegenüber seiner ursprünglichen Anknüpfungsstelle gebunden. Dieses Glykosid können die Pflanzenenzyme nicht angreifen, die Raupen sind geschützt und verzehren gefahrlos Gras und Mais[213].

Leben mit Gift: der Mensch

Lässt man die vielfältigen Strategien von Tieren Revue passieren, wie sie mit Giften umgehen, so steht der Mensch recht kümmerlich da. Der Biss einer Giftschlange, den beispielsweise der Igel folgenlos überlebt, ist für uns nicht selten tödlich. Eine Mahlzeit aus Meeresfrüchten kann zu einer akuten, auch chronischen Vergiftung führen, wobei Muscheln oder Fisch die dafür verantwortlichen Toxine tolerieren, sie sogar problemlos speichern[2]. Manche Schmetterlinge wie das Blutströpfchen sind selbst in einem Zyankali-Nebel nur schwer „totzukriegen", was andererseits den unvorsichtigen Schmetterlingssammler in Lebensgefahr bringt.

Doch ganz so wehrlos ist auch der Mensch Giften nicht ausgeliefert. Die Leber ist ein wichtiges Organ zur Entgiftung, beispielsweise auch von Arzneimitteln. Leberenzyme wie beispielsweise die Cytochrom-Oxidase P450 werden durch giftige Stoffe sogar induziert und reagieren mit erhöhter Aktivität. So macht sie durch Hydroxylierung Stoffe, die an sich wasserunlösliche sind, löslich, damit diese schneller ausgeschieden werden können.

Andererseits hat der vernunftbegabte Mensch gelernt, seine Kulturpflanzen frei von giftigen Sekundärstoffen zu züchten. Früchte und Gemüse werden durch Vorbehandlung wie Entfernen der Schale, die besonders mit schädlichen Stoffen versehen ist, oder durch Kochen und Braten weitgehend „entgiftet" und somit erst genießbar gemacht.

Maniokmehl zu Fladen gebacken schmeckt wie Styropor, also nach gar nichts. Es wird aus den Wurzelknollen der Maniokpflanze (*Manihot esculenta*), auch als Cassava, Mandioca oder Yuca bezeichnet, gewonnen. Die Pflanze ist ursprünglich in Südamerika beheimatet, doch inzwischen in vielen tropischen und subtropischen Ländern verbreitet, wo sie als Stärkelieferant (der Anteil der Stärke in der Knolle beträgt bis zu 30 % des Trockengewichts) ein wichtiges Grundnahrungsmittel darstellt[214]. Allerdings enthält Maniokmehl nur sehr wenig Protein, so dass sein Anteil am Nahrungsspektrum nicht zu stark überwiegen sollte; sonst kommt es leicht zu schweren Mangelzuständen wie Kwashiorkor.

Die Maniokpflanze gehört zu den Wolfsmilchgewächsen (Euphorbiaceae) und ist giftig. Alle Pflanzenteile, auch die Wurzelknolle, enthalten bitter schmeckende Blausäureglykoside wie das Linamarin. Bei einer Verletzung der Pflanze wird das Enzym Linase freigesetzt, das durch Hydrolyse in erheblichem Umfang Blausäure abspaltet. Im Rohzustand ist die Knolle nicht genießbar, ja sogar außerordentlich giftig. Eine sorgfältige Vorbehandlung ist daher unabdingbar. Hierzu wird die Knolle geschält, geraspelt, gekocht und der Brei ausgepresst, anschließend geröstet oder in der Sonne getrocknet, um die Blausäure weitgehend zu entfernen. Trotzdem kommt es immer wieder zu akuten wie auch chronischen Vergiftungen in den Anbaugebieten der Pflanze. Zwar hat man durch Züchtung, auch mit Hilfe der Gentechnik, versucht, den Linamaringehalt in der Pflanze zu senken, doch bleibt noch genug davon übrig, so dass man auf eine sorgfältige Zubereitung der Knolle nach wie vor nicht verzichten kann.

Die ursprünglich aus Südamerika eingeführte Kartoffel (*Solanum tuberosum*) zählt schon wegen ihres hohen Gehalts an Solanin, das zu den Saponinen gehört, eigentlich zu den Giftpflanzen. Wie bereits erwähnt, essen die Andenbewohner Wildkartoffeln mit Tonerde, um die Steroidalkaloide zu binden. Durch Züchtung weisen allerdings die hierzulande angebauten Kartoffelsorten nur einen geringen Saponingehalt auf. Doch ist darauf zu achten, dass bei unsachgemäßer Lagerung und beim Auskeimen (es bilden sich „Augen") Saponin in der Kartoffel neu gebildet wird. Gut geschält und gekocht sind selbst diese Kartoffeln jedoch genießbar, da Saponin mit der Schale und dem Kochwasser entfernt wird. Allerdings ist der Giftstoff hitzestabil, deshalb können ungeschälte Bratkartoffeln mitunter zu einem „schweren Magen" führen.

Tödliche Zucchinis

„Sein Gesicht verfärbte sich gelb, es hat ihm den Darm zerfetzt." So lautete die Schlagzeile einer überregionalen Tageszeitung entsprechend der Äußerung der Witwe eines 79-jährigen Rentners aus Heidenheim, der einen Zucchini-Gemüseauflauf gegessen hatte und daraufhin gestorben war.

Es sollte ein gemütliches Sonntagsessen werden. Ausnahmsweise gab es keinen Braten, sondern einen Gemüseauflauf mit Zwiebeln, Kartoffeln und vor allem Zucchinis. Eine Nachbarin hatte dem Rentnerehepaar die Zucchinis aus ihrem Garten geschenkt. „Es schmeckte schon recht bitter", bemerkte die Ehefrau und aß nur wenig davon. Der Ehemann hingegen hat, wie es sich gehört, den ganzen Teller leergegessen.

Doch bald nach der Mahlzeit fühlten sich beide hundsmiserabel. Ihnen war übel, sie erbrachen sich und wurden, als es ihnen immer schlechter ging, schließlich ins örtliche Krankenhaus eingeliefert. Zwar ging man dort zunächst von einer Magen-Darm-Infektion aus, doch als der Mann vom Zucchini-Auflauf berichtete, war die Diagnose klar: Es lag eine Vergiftung vor.

Während die Ehefrau schon nach wenigen Tagen das Krankenhaus verlassen konnte, sie hatte ja nur wenig vom Auflauf gegessen, starb ihr Ehemann in den folgenden Tagen an Organversagen.

Auslöser der Vergiftung war das Glykosid Cucurbitacin, ein Bitterstoff, der in Kürbisgewächsen (Cucurbitaceae) wie Gurken und Kürbissen in zum Teil erheblichen Konzentrationen enthalten ist. Es ist äußerst hitzebeständig und kaum wasserlöslich, so dass es durch Braten nicht zerstört oder durch Kochen nicht ausgewaschen wird.

Viele pflanzliche Giftstoffe wie Alkaloide sind bitter, denn damit sollen ja potenzielle Fressfeinde abgeschreckt werden. Eigentlich sollte diese Eigenschaft auch den Menschen vor einer Vergiftung bewahren. Die Geschmacksknospen auf der Zunge reagieren sehr empfindlich und warnen uns in vielen Fällen vor dem Verzehr unbekömmlicher Nahrung. Neben süß, sauer, salzig und umami (Geschmack von Glutamat) reagieren sie empfindlich auch auf bitter. Hierauf spuckt der Mensch reflexartig meist wieder aus, was er gerade im Mund hat. Im besten Fall lernt er daraus, die betreffende Frucht zukünftig zu meiden.

Um trotzdem bittere Pflanzen für Nahrungszwecke nutzen zu können, hat man bei Gurken, Kürbissen, Zucchinis sowie bei Chicoree und Spargel die Bitterkeit durch Züchtung eliminiert. Allerdings kommt es immer wieder vor, dass unter Hitzestress beispielsweise Gurken wieder einen bitteren Geschmack annehmen. Darüber hinaus beobachtet man gerade bei Kürbisgewächsen recht häufig einen Austausch von Genen und damit von Eigenschaften, die durch Bestäubung mit Pollen anderer Kürbisgewächse die eigentlich weggezüchtete Bitterkeit wieder auftreten lässt – dies geschieht vor allem in der Nachbarschaft bitterer Kürbisse. Dabei findet sozusagen eine Rückkreuzung in den ursprünglichen Zustand statt.

Hobbygärtner sollten daher ihre Produkte probieren, ob sie außergewöhnlich bitter schmecken, bevor sie daraus einen Salat oder Gemüseauflauf kreieren. Auch sollte man keine Samen von Zucchinis ernten und aussäen, die neben Zierkürbissen gepflanzt waren. Sie könnten die Bitterkeit des Nachbarn übernommen haben.

Doch sind es nicht nur Zucchinis oder andere Kürbisgewächse, die als Nahrungsmittel Probleme bereiten. Grüne Bohnen (*Phaseolus vulgaris*) als Beilage zu einem Gericht sind harmlos, sogar gesund – vorausgesetzt, sie wurden gekocht. Doch sollte man nicht auf die Idee kommen, sie roh zu essen, denn schon wenige Bohnen verursachen Magen-Darm-Beschwerden mit zum Teil blutigem Erbrechen, in schweren Fällen Kollaps, Krampfanfälle und Tod. Auslöser ist Phasin, ein Protein, das als sogenanntes Lektin die Verklumpung von Erythrozyten bewirkt. Vor allem in der Dünndarmschleimhaut kommt es dadurch zu schweren inneren Verletzungen und Blutungen. Beim Kochen wird Phasin allerdings denaturiert. Rohköstler sollten dies bedenken und auf rohe Bohnen welcher Art auch immer verzichten.

Wer anfällig für die Bildung von Nierensteinen ist, sollte Gartenrhabarber (*Rheum rhabarbarum*) und Rote Bete (*Beta vulgaris*) meiden. Beide enthalten erhebliche Mengen von Oxalsäure (bis zu 0,5 g pro 100 g Pflanzenmaterial). Kopfschmerzen und Erbrechen nach einer großen Portion Rhabarberkompott sind Anzeichen einer Vergiftung. In Form von Oxalatsteinen kristallisiert Oxalsäure im Nierenbecken aus; eine schmerzhafte Erfahrung einerseits, wenn die Steine in den Harnleiter gelangen, andererseits verursachen sie nicht selten Nierenschäden.

Nicht zu vergessen sind Bittermandeln (*Prunus amygdalus amara*), die das Glykosid Amygdalin enthalten, aus dem während der Verdauung durch Hydrolyse Benzaldehyd und Blausäure freigesetzt wird. So entstehen aus 100 g Bittermandeln bis zu 250 mg Cyanwasserstoff, eine tödliche Dosis. Ihr bitterer Geschmack ist durch Benzaldehyd verursacht und sollte eigentlich als Warnung verstanden werden; trotzdem kommt es immer wieder zu tödlichen Vergiftungen, wenn man sie unbehandelt verzehrt. Weihnachtsgebäck mit Mandelkernen ist hingegen ungefährlich. Durch Erhitzen während des Backens sind die Kerne entgiftet worden. Aber auch auf den Verzehr von Aprikosenkernen sollte man lieber verzichten, denn sie enthalten ebenfalls cyanogene Glykoside wie die meisten Steinobstkerne.

Wir müssen also unseren Verstand und unsere Erfahrung aus tausenden Jahren Menschheitsgeschichte benutzen, wollen wir diese Gefahren vermeiden. Denn eine natürliche, angeborene Resistenz, den vielen Giften in der Natur zu widerstehen, gibt es für uns nicht.

Nachwort

Schätzungsweise 100 000 Tierarten gibt es, die Gift produzieren oder es der Umwelt entnehmen, es speichern und einsetzen – eine Zahl, die wahrscheinlich noch zu niedrig angesetzt ist. Was die Pflanzen angeht, so ist die Zahl derer, die sich mit Naturstoffen gegen ihre Fraßfeinde wehren, sicher nicht geringer. Doch wird die Wehrhaftigkeit von Pflanzen und Tieren immer wieder von Spezialisten überwunden, die dafür sorgen, dass ein Gleichgewicht erhalten bleibt, dass keiner die Oberhand gewinnt und ein Gift auf vielfältige Art und Weise „entgiftet" wird.

Wie dies geschieht, sollten die Beispiele in den vorstehenden Kapiteln zeigen. Es versteht sich von selbst, dass dies nur ein kleiner Ausschnitt aus dem sein kann, was die Natur zum Leben mit Gift bereithält, zieht man die genannten Zahlen in Betracht. Wie schnell und flexibel Organismen reagieren, um mit Giften fertigzuwerden, erweist sich als Nachteil besonders für uns, wenn beispielsweise Bakterien Antibiotikaresistenz entwickeln, Arzneimittel gegen die Erreger der Malaria ihre Wirkung einbüßen. Auch dieser ständige Wettlauf (man kann es ruhig einen Rüstungswettlauf nennen), unser eigenes Überleben zu sichern, geht nicht immer zu unseren Gunsten aus. Rückschläge wie die steigende Zahl antibiotikaresistenter Keime oder neue Schädlinge, die durch den massiven Einsatz von Pflanzenschutzmitteln erst herangezüchtet werden, sind vorprogrammiert. Gift, das hierzu eingesetzt wird, ist in der Regel für die Natur neu, und es ist zumindest ebenso spannend zu beobachten, wie die Organismen darauf reagieren, um es zugespitzt auszudrücken. Doch einmal abgesehen davon, wie der Mensch mit Giften herumexperimentiert und damit oft genug mehr Schaden anrichtet als Nutzen erzielt, ist es viel eindrucksvoller, was Pflanzen und Tiere bewerkstelligen, um mit Giften zu leben.

In einem Interview hat der Raumfahrer Thomas Reiter auf die Frage, wofür die Raumfahrt aus seiner Sicht stehe, geantwortet: „Neugierde ist eine menschliche Eigenschaft, die nicht nur Wissenschaftler dazu bewegt, in abstrakter Form zu neuen Horizonten vorzustoßen. Die Neugier hat auch Entdecker in der Vergangenheit dazu bewogen, die Küsten Europas zu verlassen und alle Richtungen zu erkunden." Und weiter führt er aus: „Da muss nicht immer ein konkreter Nutzen dahinter stehen. Der Nutzen ist sekundär. Es ist sehr wichtig, Wissen als Bereicherung zu verstehen."

Klug geantwortet. Also sehen wir zu, dass wir unser Wissen um das Leben mit Gift schleunigst erweitern.

Endnoten

1. Boschke FL. Die Umwelt ist kein Paradies. Illusionen und Realität. Deutsche Verl.-Anstalt, Stuttgart, 1986
2. Mebs D. Gifttiere. Wiss Verlagsges, Stuttgart, 2010
3. Frohne D, Pfänder HJ. Giftpflanzen. Wiss Verlagsges, Stuttgart, 2004
4. Fautin DG, Allen GR. Anemone Fishes and their Host Sea Anemones. Western Austr. Museum. Perth, 1992
5. Mebs D. Anemonefish symbiosis: Vulnerability and resisitance of fish to the toxin of the sea anemone. Toxicon 32: 1059–1068, 1994
6. Mebs D. Chemical biology of the mutualistic relationship of sea anemones with fish and crustaceans. Toxicon 54: 1071–1074, 2009
7. Schlichter D. Produktion und Übernahme von Schutzstoffen als Ursache des Nesselschutzes von Anemonenfischen? J Exp Mar Biol Ecol 20: 137–150, 1975
8. Elliott JK et al. Do anemonefishes use molecular mimicry to avoid being stung by host anemones? J Exp Mar Biol 179: 99–113, 1994
9. Giese C et al. Resistance and vulnerability of crustaceans to cytolytic sea anemone toxins. Toxicon 34: 955–958, 1996
10. Murata M et al. Characterization of compounds that induce symbiosis between sea anemone and anemonefish. Science 234: 858–587, 1986
11. Heeger T. Quallen – gefährliche Schönheiten. Wiss Verlagsges, Stuttgart, 1998
12. Greenwood PG et al. Adaptable defense: a nudibranch mucus inhibits nematocyst discharge and changes with prey type. Biol Bull 206: 113–120, 2004
13. Greenwood PG. Acquisition and use of nematocysts by cnidarian predators. Toxicon 54: 1065–1070, 2009
14. Frick K. Response in nematocyst uptake by the nudibranch *Flabellina verrucosa* to the presence of various predators in the southern Gulf of Maine. Biol Bull 205: 367–376, 2003
15. Karuso P. Chemical ecology of the nudibranches. In: Bioorganic Marine Chemistry (Scheuer PJ, Hrsg.), vol 1, S. 31–60, Springer Verl., Berlin, 1987
16. Mebs D. Gifte im Riff. Wiss Verlagsges, Stuttgart, 1989
17. Matthes D. Tiersymbiosen und ähnliche Formen der Vergesellschaftung. G. Fischer Verl., Stuttgart, 1978
18. Hölldobler B, Wilson EO. The Ants. Springer Verl., Berlin, 1990
19. Pierce NE et al. The ecology and evolution of ant association in the Lycaenidae (Lepidoptera). Annu Rev Entomol 47: 733–771, 2002
20. Fiedler K. The host genera of ant-parasitic Lycaenidae butterflies: A review. Psyche, article ID 153975, 2012
21. Nash DR et al. A mosaic of chemical coevolution in a large blue butterfly. Science 319: 88–90, 2008
22. Rödel MO et al. Chemical camouflage – a frog's strategy to coexist with aggressive ants. PLOS ONE 8:e81950, 2013
23. Rödel MO, Braun U. Association between anuran and ants in a West African savanna (Anura: Micohylidae, Hyperoliidae, and Hymenoptera: Formicidae). Biotropica 31: 178–183, 1999
24. Lenoir A et al. Chemical ecology and social parasitism in ants. Annu Rev Entomol 46: 573–599 2001

25. Moritz RFA et al. Chemical camouflage of the death' head hawkmoth (*Acherontia atropos* L.) in honeybee colonies. Naturwissenschaften 78: 179–182, 1991
26. Dettner K, Liepert C. Chemical mimicry and camouflage. Annu Rev Entomol 39: 129–154 1994
27. Vander Meer RK et al. Chemical mimicry in a parasitoid (Hymenoptera: Eucharitidae) of fire ants (Hymenoptera: Formicidae). J Chem Ecol 15: 2247–2261, 1989
28. Lohman DJ et al. Convergence of chemical mimicry in a guild of aphid predators. Ecol Entomol 31: 41–51, 2006
29. Leonhardt SD et al. Tree resin composition, collection behavior and selective filters shape chemical profiles of tropical bees (Apidae: Meliponini). PLOS ONE 6: e23445, 2011
30. Leonhardt SD et al. Terpenoids tame aggressors: role of chemicals in stingless bee communal nesting. Behav Ecol Sociobiol 64: 1415–1423, 2010
31. Menzel F et al. Crematoenones – a novel substance class exhibited by ants functions as appeasement signal. Frontiers Zool 10: 32–44, 2013
32. Schildknecht H, Weis KH. Die chemische Natur des Wehrsekretes von *Pseudophonus pubescens* und *Ps. griseus*. VIII. Mitteilung über Insektenabwehrstoffe. Z Naturforsch 16b: 361–363, 1961
33. Rossini C et al. Defensive production of formic acid (80 %) by a carabid beetle (*Galerita lecontei*). Proc Natl Acad Sci USA 94: 6792–6797, 1997
34. Schildknecht H, Schmidt H. Die chemische Zusammensetzung des Wehrsekretes von *Dicranura vinula*. XVII. Mitteilung über Insektenabwehrstoffe. Z Naturforsch 18b: 585–587, 1963
35. Schmidt JO et al. Chemistry, ontogeny, and role of pygidial gland secretion of the vinegaroon *Mastigoproctus giganteus* (Arachnida: Uropygii). J Insect Physiol 46: 443–450, 2000
36. Eisner T. For Love of Insects. Belknap, Harvard Univ Press, Cambridge, 2003
37. Bridges AR, Owen MD. The morphology of the honey bee (*Apis mellifera* L.) venom gland and reservoir. J Morphol 181: 69–86, 1984
38. von Reumont BM et al. The first venomous crustacean revealed by transcriptomics and functional morphology: remipede venom glands express a unique toxin cocktail dominate by enzymes and a neurotoxin. Mol Biol Evol 31: 48–58, 2014
39. Schildknecht H, Holoubek K. Die Bombardierkäfer und ihre Explosionschemie. V. Mitteilung über Insekten-Abwehrstoffe. Angew Chemie 73: 1–7, 1961
40. Dean J et al. Defensive spray of the bombardier beetle: a biological pulse jet. Science 248: 1219–1221, 1990
41. Mebs D. Heilende Gifte. Toxische Naturstoffe als Arzneimittel. Wiss Verlagsges, Stuttgart, 2014
42. Beran F et al. *Phyllotreta striolata* flea beetles utilize host plant defense compounds to create their own glucosinolate-myrosinase system. Proc Natl Acad Sci USA 111: 7349–7354, 2014
43. Winde I, Wittstock U. Insect herbivore counteradaptation to the plant glucosinolate-myrosinase system. Phytochemistry 72: 1566–1575, 2011
44. Stauber EJ et al. Turning the „mustard oil bomb" into a „cyanide bomb": Aromatic glucosinolate metabolism in a specialist insect herbivore. PLOS ONE 7: e35545, 2012
45. Mumm R et al. Formation of simple nitrils upon glucosinolate hydrolysis affects direct and indirect defense against the specialist herbivore, *Pieris rapae*. J Chem Ecol 34: 1311–1321, 2008

46. Fatouros NE et al. Chemical communication: butterfly ant-aphrodisiac lures parasitic wasps. Nature 433: 704, 2005
47. Kim JH, Jander G. *Myzus persicae* (green peach aphid) feeding on *Arabidopsis* induces formation of a deterrent indole glucosinolate. Plant J 49: 1008–1019, 2007
48. Kazana E et al. The cabbage aphid: a walking mustard oil bomb. Proc Royal Soc B 274: 2271–2277, 2007
49. Ratzka A et al. Disarming the mustard oil bomb. Proc Natl Acad Sci USA 99: 11223–11228, 2002
50. Thies W. Detection and utilization of a glucosinolate sulfohydrolase in the edible snail, *Helix pomatia*. Naturwissenschaften 66: 364–365, 1979
51. Falk KL, Gershenzon J. The desert locust, *Schistocerca gregaria*, detoxifies the glucosinolates of *Schouwia pupurea* by desulfation. J Chem Ecol 33: 1542–1555, 2007
52. Samuni-Blank M et al. Intraspecific directed deterrence by the mustard oil bomb in a desert plant. Curr Biol 22: 1218–1220, 2012
53. Samuni-Blank M et al. Physiological and behavioural effects of fruit toxins on seed-predating *versus* seed-dispersing congeneric rodents. J exp Biol 216, 3667–3673, 2013
54. Hall FR et al. Cyanide tolerance in millipedes: the biochemical basis. Comp Biochem Physiol 38B: 723–737, 1971
55. Eisner T et al. Secret Weapons. Belknap Press, Harvard Univ Press, Cambridge, 2005
56. Nahrstedt A. Cyanogenesis and the role of cyanogenic compounds in insects. In: Cyanide Compounds in Biology. Ciba Found Symp 140: 131–150, 1988
57. Zagrobelny M et al. Cyanogenic glucosides and plant insect interactions. Phytochemistry 65: 293–306, 2004
58. Raubenheimer D. Cyanoglycoside gynocardin from *Acraea horta* (L.) (Lepidoptera: Acraeinae). Possible implications for evolution of Acraeine host choice. J Chem Ecol 15: 2177–2189, 1989
59. Wybou N et al. A gene horizontally transferred from bacteria protects arthropods from host plant cyanide poisoning. eLife 3: e02365, 2014
60. Glaubrecht M, Alfred Russel Wallace – Die Evolution eines Evolutionisten. Naturw Rdschau 66: 565–575, 622–634, 2013
61. Chakir M et al. Adaptation to alcoholic fermentation in *Drosophila*: A parallel selection imposed by environmental ethanol and acetic acid. Proc Natl Acad Sci USA 90: 3621–3625, 1993
62. David JR, Bocquet C. Similarities and differences in latitudinal adaptation of two *Drosophila* sibling species. Nature 257: 588–590, 1975
63. McKechnie SW, Geer BW. Micro-evolution in a wine cellar population: an historical perspective. Genetica 90: 201–215, 1993
64. Guarnieri DJ, Heberlein U. *Drosophila melanogaster*, a genetic model system for alcohol research. Int Rev Neurobiol 54: 199–228, 2003
65. Rodan AR, Rothenfluh A. The genetic behavior alcohol response in *Drosophila*. Int Rev Neurobiol 91: 25–51, 2010
66. Malherbe Y et al. ADH enzyme activity and *Adh* gene expression in *Drosophila melanogaster* lines differentially selected for increased alcohol tolerance. J Evol Biol 18: 811–819, 2005
67. Kacsoh BZ et al. Fruit flies mediate offspring after seeing parasites. Science 339: 947–950, 2013
68. Mitchell CL et al. The mechanisms underlying α-amanitin resistance in *Drosophila melanogaster*: A microarray analysis. PLOS ONE 9: e93489, 2014

69. Jaenike J. Parasite pressure and the evolution of amanitin tolerance in *Drosophila*. Evolution 39: 1295–1301, 1985
70. Espada A et al. Sarasinosides D-G: four new triterpenoid saponins from the sponge *Asteropus sarassinorum*. Tetrahedron 48: 8685–8696, 1992
71. Kauferstein S, Mebs D. Living in a risky environment. Coral Reefs 18: 106, 1999
72. Duarte LFL, Nalesso RC. The sponge *Zygomycale parishii* (Bowerbank) and its endobiotic fauna. Estuar Coast Shelf 42: 139–151, 1996
73. Pearse AS. Inhabitants of certain sponges at Dry Tortugas. Carneg Inst Wash Pap Tortugas Lab 28: 119–124, 1934
74. Randall JE, Hartman WD. Sponge-feeding fishes of the West Indies. Mar Biol 1: 216–225, 1968
75. Duris Z et al. Three squatters are not innocent: The evidence of parasitism in sponge-inhabiting shrimps. PLOS ONE 6: e21987, 2011
76. Schaft D, Mebs D. Do sponges exchange secondary metabolites? Coral Reefs 21: 130, 2002
77. Parmentier E, Vandewalle P. Further insight on carapid-holothuroid relationships. Mar Biol 146: 455–465, 2005
78. Nigrelli RF, Jakowska S. Effects of holothurin, a steroid saponin from the Bahamian sea cucumber (*Actinopyga agassizi*) on various biological systems. Ann N Y Acad Sci 90: 884–892, 1960
79. Vandenspiegel D et al. On the association between the crab *Hapalonotus reticulatus* (Crustacea, Brachyura, Eumedonidae) and the sea cucumber *Holothuria (Metriatyla) scabra* (Echinodermata, Holothuridae). Bul Inst Roy Sci Naturelle Belgique, Biologie 62: 167–177, 1992
80. Caulier G et al. When a repellant becomes an attractant: harmful saponins are kairomones attracting the symbiotic harlequin crab. Sci Rep 3: 2639, 2013
81. Miyazaki S et al. Characterization of the perlfish *Encheliophis vermicularis* to the sea cucumber *Holothuria leucospilota*. Chemoecology 24: 121–126, 2014
82. Eisner T et al. Circumvention of prey defense by a predator: ant lion vs. ant. Proc Natl Acad Sci USA 90: 6716–6720, 1993
83. Vane-Wright D. Butterflies. Smithsonian Books, Washington, DC, 2015
84. Dobler S et al. Community-wide convergent evolution in insect adaptation to toxic cardenolides by substitutions in the Na,K-ATPase. Proc Natl Acad Sci USA 109: 13040–13045, 2012
85. Dobler S et al. Coping with toxic plant compounds – The insect perspective on iridoid glycosides and cardenolides. Phytochemistry 72: 1593–1604, 2011
86. Petschenka G et al. Stepwise evolution of resistance to toxic cardenolides via genetic substitutions in the Na^+/K^+-ATPase of milkweed butterflies (Lepidoptera: Danaini). Evolution 67: 2763–2761, 2013
87. Reichstein T et al. Heart poisons in the monarch butterfly. Science 161: 861–866, 1968
88. Brower LP, Brower JVZ, Birds, butterflies and plant poisons: a study in ecological chemistry. Zoologica 49: 137–159, 1964
89. Helmus MR, Dussourd DE. Glues or poisons: which triggers vein cutting by monarch caterpillars? Chemoecology 15: 45–49, 2005
90. Ackery PR, Vane-Wright D. Milkweed Butterflies. Their Cladistics and Biology. Brit. Mus. Publ., London, 1984
91. Fink LS, Brower LP. Birds can overcome the cardenolide defence of monarch butterflies in Mexico. Nature 291: 67–70, 1981

92. Hartmann T. Pyrrolizidine alkaloids: The successful adoption of a plant chemical defense. In: Tiger Moth and Woolly Bear: Behaviour, Ecology, and Evolution of the Arctiidae, Conner WE Edit., Oxford Univ. Press, S. 55–80, 2009
93. Boppré M. The ecological context of pyrrolizidine alkaloids in food, feed and forage: an overview. Food Additives Contaminants 28: 260–281, 2011
94. Sehlmeyer S et al. Flavin-dependent monooxygenases as a detoxification mechanism in insects: new insights from the actiids (Lepidoptera). PLOS ONE 5: e10435, 2010
95. Boppré M. Pharmakophagie: Drogen, Sex und Schmetterlinge. Biologie in unserer Zeit 25: 8–17, 1995
96. Boppré M. Redifining „pharmacophagy". J Chem Ecol 10: 1151–1154, 1984
97. Phisalix C, Bertrand G. Sur l'immunité du hérisson contre le venin de vipère. C. r. Séance Soc Biol 51: 77, 1899
98. DeWit CA, Weström BR. Purification and characterization of alpha$_2$-, alpha$_2$-beta- and beta-macroglobulin inhibitors in the hedgehog, *Erinaceus europaeus*: beta-macroglobulin identified as the plasma antihemorrhagic factor. Toxicon 25: 1209–1219, 1987
99. Omori-Satoh T et al. Muscle extract of hedgehog, *Erinaceus europaeus*, inhibits hemorrhagic activity of snake venoms. Toxicon 32: 1279–1281, 1994
100. Omori-Satoh T et al. Comparison of antihemorrhagic activities in skeletal muscle extract from various animals against *Bothrops jararaca* venom. Toxicon 36: 421–423, 1998
101. Omori-Satoh T et al. The antihemorrhagic factor, erinacin from the European hedgehog (*Erinaceus europaeus*), a metalloprotease inihibitor of large molecular size possessing ficolin/opsonin P35 lectin domains. Toxicon 38: 1561–1580, 2000
102. Barchan D et al. The binding site of the nicotinic acetylcholine receptor in animal species resistant to alpha-bungarotoxin. Biochemistry 34: 9172–9176, 1995
103. Kuch U et al. Snake fangs from the Lower Miocene of Germany: evolutionary stability of perfect weapons. Naturwissenschaften 93: 84–87, 2006
104. Drabeck DH et al. Why the honey badger don't care: Convergent evolution of venom-targeted nicotinic acetylcholine receptors in mammals that survive venomous snake bites. Toxicon 99: 68–72, 2015
105. Calmette A. Les Venins, les Animaux Venimeux et la Sérothérapie Antivenimeuse. Masson, Paris, 1907
106. Brodie ED Jr. Hedgehogs use toad venom in their own defence. Nature 268: 627–628, 1977
107. Ujvari B et al. Widespread convergence in toxin resistance by predictable molecular evolution. Proc Natl Acad Sci USA 112: 11911–11916, 2015
108. Kingdon J et al. A poisonous surprise under the coat of the African crested rat. Proc Biol Sci 279: 675–680, 2012
109. Toennes SW et al. Death of a South-American fur seal (*Arctocephalus australis*) after the ingestion of toads – evaluation of toad poisoning by toxicological analysis. Berl Münch Tierärztl Wochenschr 128: 252–256, 2015
110. Reeves MP. A retrospective report of 90 dogs with suspected cane toad (*Bufo marinus*) toxicity. Aust Vet J 82: 608–611, 2004
111. Halliday DCT et al. Cane toad toxicity: An assessment of extracts from early development stages and adult tissues using MDCK cell culture. Toxicon 53: 385–391, 2009
112. Anthony J. Essai sur l'evolution anatomique de l'appareil venimeux des ophidiens. Ann Sci nat (Zool) 17: 7–53, 1955
113. Hutchinson DA et al. Dietary sequestration of defensive steroids in nuchal glands of the Asian snake *Rhabdophis tigrinus*. Proc Natl Acad Sci USA 104: 2265–2270, 2007

114. Hutchinson DA et al. Chemical investigation of defensive steroid sequestration by the Asian snake *Rhabdophis tigrinus*. Chemoecol 22: 199–206, 2012
115. Ujvari B et al. Isolation breeds naivety: island living robs Australian varanid lizards of toad-toxin immunity via four-base-pair mutation. Evolution 67: 289–294, 2013
116. Shine R. The ecological impact of invasive cane toad (*Bufo marinus*) in Australia. Q Rev Biol 85: 253–291, 2010
117. Llewelyn J et al. Adaptation or preadaptation: why are keelback snakes (*Tropidonophis mairii*) less vulnerable to invasive cane toads (*Bufo marinus*) than are other Australian snakes? Evol Ecol 25: 13–24, 2011
118. Kolby JE. Ecology: Stop Madagascar's toad invasion now. Nature 509: 563, 2014
119. Ujvari B et al. Invasive toxic prey may imperil the survival of an iconic giant lizard, the Komodo dragon. Pac Conserv Biol 20: 363–365, 2015
120. Moore DJ et al. Positive Darwinian selection results in resistance to cardioactive toxins in true toads (Anura: Bufonidae). Biol Lett 5: 513–516, 2009
121. Glendinning JL, Brower LP. Feeding and breeding responses of five mice species to overwintering aggregation of the monarch butterfly. J Anim Ecol 59: 1091–1112, 1990
122. Savage JM. The amphibians and reptiles of Costa Rica, herpetofauna between two continents, between two seas. Univ Chicago Press, Chicago, 2002
123. Weddeling K, Kordges T. *Lucilia bufonivora*-Befall (Myiasis) bei Amphibien in Nordrhein- Westfalen – Verbreitung, Wirtsarten, Ökologie und Phänologie. Z Feldherpetologie 15: 183–202, 2008
124. Mebs D et al. Amphibian myiasis. Blowfly larvae (*Lucilia bufonivora*, Diptera: Calliphoridae) coping with the poisonous skin secretion of the common toad (*Bufo bufo*). Chemoecology 24: 159–164, 2014
125. Gilardi J et al. Biochemical functions of geophagy in parrots: Detoxification of dietary toxins and cytoprotective effects. J Chem Ecol 25: 897–919, 1999
126. Wink M et al. Geese and dietary allelochemicals – food palatability and geophagy. Chemoecology 4: 93–107, 1993
127. Chandrajith R et al. Geochemical and mineralogical characteristics of elephant geophagic soils in Udawalawe National Park, Sri Lanka. Environ Geochem Health 31: 391–400, 2009
128. Fossey D. Gorillas im Nebel. Kindler, München, 1989
129. Engel C. Wild Health. Gesundheit aus der Wildnis. Animal Learn Verl, Bernau, 2002
130. Mahaney WC et al. Mountain gorilla geophagy: A possible seasonal behavior dealing with the effects of dietary changes. Int J Primatol 16: 475–488, 1995
131. Mahaney WC. Geophagy among primates: Adaptive significance and ecological consequences. Animal Behaviour 59: 899–915, 2000
132. Mahaney WC et al. Bornean orangutan geophagy: analysis of ingested and control soils. Environ Geochem Health 38: 51–64, 2016
133. Ferrari SF et al. Geophagy in new world monkeys (Platyrrhini): ecological and geographic patterns. Folia Primatol 79: 402–415, 2008
134. Struhsaker TT et al. Charcoal consumption by Zanzibar red colobus monkey: Its function and its ecological and demographic consequences. Int J Primatol 18: 61–72, 1997
135. Bartmann W. Haltung und Zucht von Großen Ameisenbären (*Myrmecophaga tridactyla*, Linné, 1758) im Dortmunder Tierpark. Zool Garten (NF) 53: 1–31, 1983
136. Schubert C et al. Der große Ameisenbär (*Myrmecophaga tridactyla*) im Zoo Dortmund – Wappentier, Publikumsmagnet und Aushängeschild. Der Zool Garten 77: 323–333, 2008

137. Yang CW et al. History and dietary husbandry of pangolins in captivity. Zoo Biol 26: 223–230, 2007
138. Johns T. Detoxification function of geophagy and domestication of the potato. J Chem Ecol 12: 635–646, 1986
139. Johns T, Duquette M. Detoxification and mineral supplementation as functions of geophagy. Am J Clin Nutr 53: 448–456, 1991
140. Bradley SG, Klika LJ. A fatal poisoning from the Oregon rough-skinned newt (*Taricha granulosa*). J Am Med Ass 246: 247, 1981
141. Petranka J. Salamanders of the United States and Canada. Smithsonian Institution Press, Washington and London, 1998
142. Hanifin CT et al. Phenotypic mismatches reveal escape from arms-race coevolution. PLOS Biology 6: 471–482, 2008
143. Tahara Y. Studies on the pufferfish toxin. J Pharm Soc Japan 29: 587–625, 1909
144. Goto T etal. The structure of tetrodotoxin. Tetrahedron Lett 4: 2105–2113, 1963
145. Tsuda K et al. On the structure of tetrodotoxin. Chem Pharm Bull, Tokyo, 12: 642–644, 1964
146. Woodward RB. The structure of tetrodotoxin. Pure appl Chem 9: 49–74, 1964
147. Brodie ED Jr et al. The evolutionary response of predators to dangerous prey: Hotspots and coldspots in the geographic mosaic of coevolution between garter snakes and newts. *Evolution* 56: 2067–2082, 2002
148. Yotsu-Yamashita M et al. Variability of tetrodotoxin and of its analogues in the red-spotted newt, *Notophthalmus viridescens* (Amphibia: Urodela: Salamandridae). Toxicon 59: 257–264, 2012
149. Williams BL et al. Tetrodotoxin (TTX) affects survival probability of rough skinned newts (*Taricha granulosa*) faced with TTX-resistant garter snake predators (*Thamnophis sirtalis*). *Chemoecology* 20: 285–290, 2010
150. Williams BL et al. A resistant predator and its toxic prey: Persistence of newt toxin leads to poisonous (not venomous) snakes. J Chem Ecol 30: 1901–1919, 2004
151. Williams BL et al. Predators usurp prey defense? Toxicokinetics of tetrodotoxin in common garter snakes after consumption of rough-skinned newts. Chemoecology 22: 179–185, 2012
152. Feldman CR et al. Constraint shapes convergence in tetrodotoxin-resistant sodium channels in snakes. Proc Natl Acad Sci USA 109: 4556–4561, 2012
153. Mebs D et al. Tetrodotoxin does not protect red-spotted newts, *Notophthalmus viridescens*, from intestinal parasites. Toxicon 60: 66–69, 2012
154. Feldman CR et al. Is there more than one way to skin a newt? Convergent toxin resistance in snakes is not due to a common genetic mechanism. Heredity 2015: 1–8
155. Hanifin CT, Gilly WF. Evolutionary history of a complex adaptation: Tetrodotoxin resistance in salamanders. Evolution 69: 232–244, 2015
156. Daly JW et al. Biologically active substances from amphibians: preliminary studies on anurans from twenty-one genera of Thailand. Toxicon 44: 805–815, 2004
157. Dumbacher JP et al. Batrachotoxin from passerine birds: A second toxic bird genus (*Ifrita kowaldi*) from New Guinea. Proc Natl Acad Sci USA 97: 12970–12975, 2000
158. Daly JW et al. Levels of batrachotoxin and lack of sensitivity to its action in poison-dart frogs (*Phyllobates*). Science 208: 1383–1385, 1980
159. Daly JW et al. Alkaloids from amphibian skin: A tabulation of over eight-hundred alkaloids. J Nat Prod 68: 1556–1575, 2005

160. Glutz von Blotzheim UN, Bauer KM. Handbuch der Vögel Mitteleuropas (HBV). Band 13/II, Passeriformes (4. Teil): Sittidae – Laniidae. Aula-Verlag, Wiebelsheim, 1993
161. Stebbins RC. A Field Guide to Western Reptiles and Amphibians. Houghton Mifflin Co., Boston, 1966
162. Sherbrooke WC, Schwenk K. Horned lizards (*Phrynosoma*) incapacitate dangerous ant prey with mucus. J exp Zool 309A: 447–459, 2008
163. Schmidt PJ et al. The detoxification of ant (*Pogonomyrmex*) venom by a blood factor in horned lizards (*Phrynosoma*). Copeia 1989: 605–607
164. Pianka ER, Pianka HD. The ecology of *Moloch horridus* (Lacertilia: Agamidae) in Western Australia. Copeia 1970: 909–103
165. Greer AE. The Biology and Evolution of Australian Lizards. Surrey Beatty, Chipping Norton, 1989
166. Rowe AH et al. Voltage-gated sodium channel in grasshopper mice defends against bark scorpion toxin. Science 342: 441–446, 2013
167. Holderied M et al. Hemprich's long-eared bat (*Otonycteris hemprichii*) as a predator of scorpions: whispering echolocation, passive gleaning and prey selection. Comp Physiol A: Neuroethol Sens Neural Behav Physiol 197: 425–433, 2011
168. Haanpää M, Treede RD. Capsaicin for neuropathic pain: linking traditional medicine and molecular biology. Eur Neurol 68: 64–275, 2012
169. Szolcsányi J, Pintér E. Transient receptor potential vanilloid 1 as a therapeutic target in analgesia. Expert Opin Ther Targets 17: 641–657, 2013
170. Zlotkin E et al. Proteins in scorpion venom toxic to mammals and insects. Toxicon 10: 207–209, 1972
171. Legros C et al. The myth of scorpion suicide: are scorpions insensitive to their own venom? J exp Biol 201: 2625–2636, 1998
172. Eisner T, Camazine S. Spider leg autotomy induced by prey venom injection: An adaptive response to „pain"? Proc Natl Acad Sci USA 80: 3382–3385, 1983
173. Cann J. Snakes alive! Snake Experts & Antidote Sellers of Australia. Kangaroo Press, Kenthurst, 1986
174. Morrison JJ et al. Studies on the venom of *Oxyuranus microlepidotus*. Clin Toxicol 21: 373–385, 1983/84
175. Bücherl W. Das Haus der Gifte. Die Geschichte vom Butantan Institut São Paulo. Franck'sche Verlagshandlung, Stuttgart, 1963
176. Lomonte B, Cerdas L, Gené JA, Gutierrez JM. Neutralization of local effects of the terciopelo (*Bothrops asper*) venom by blood serum of the colubrid snake *Clelia clelia*. Toxicon 20: 571–579, 1982
177. Kellaway CH. The immunity of Australian snakes to their own venoms. Med J Aust 2: 35–52, 1931
178. Klauber LM. Rattlesnakes. Their Habits, Life Histories, and Influences on Mankind. Univ Calfornia Press, Berkeley, 1956
179. Clark WC, Voris HK. Venom neutralization by rattlesnake serum albumin. Science 164: 1402–1404, 1969
180. Ovadia ME et al. The neutralization mechanism of *Vipera palaestinae* neurotoxin by a purified factor from homologous serum. Biochem biophys Acta 491: 370–386, 1977
181. Thwin MM, Gopalakrishnakone P. Snake envenomation and protective natural endogenous proteins: A mini review of the recent development (1991–1997). Toxicon 36: 1471–1482, 1989

182. Lizano S et al. Natural phospholipase A_2 myotoxin inhibitor proteins from snakes, mammals and plants. Toxicon 42: 963–977, 2003
183. Aoki N et al. Snake fetuin: Isolation and structural analysis of new fetuin family proteins from the sera of venomous snakes. Toxicon 54: 481–490, 2009
184. Tomihara Y et al. Purification of three antihemorrhagic factors from the serum of a mongoose (*Herpestes edwardsii*). Toxicon 25: 685–689
185. Qui Z-Q et al. Characterization of the antihemorrhagic factors of mongoose (*Herpestes edwardsii*). Toxicon 32: 1459–1469, 1994
186. Barchan D et al. How the mongoose can fight the snake: The binding site of the mongoose acetylcholine receptor. Proc Natl Acad Sci USA 89: 7717–7721, 1992
187. Dellisanti CD et al. Crystal structure of the extracellular domain of nAChR alpha bound to alpha-bungarotoxin at 1.94 Å resolution. Nat Neurosci 10: 953–962, 2007
188. Takacs Z et al. Snake alpha-neurotoxin binding site on the Egyptian cobra (*Naja haje*) nicotinic acetylcholine receptor is conserved. Mol Biol Evol 18: 1800–1809, 2001
189. Ducancel F. The sarafotoxins. Toxicon 40: 1541–1545, 2002
190. Bdolah A et al. Resistance of the Egyptian mongoose to sarafotoxins. Toxicon 35: 1251–1261, 1997
191. Biardi JE et al. California ground squirrel (*Spermophilus beecheyi*) blood sera inhibits crotalid venom proteolytic activity. Toxicon 38: 713–721, 2000
192. Biardi JE et al. Isolation and identification of a snake venom metalloproteinase inhibitor from California ground squirrel (*Spermophilus beecheyi*) blood sera. Toxicon 58: 486–493, 2011
193. Voss RS. Opossums (Mammalia: Didelphidae) in the diets of Neotropical pitvipers (Serpentes: Crotalinae): Evidence for alternative coevolutionary outcomes? Toxicon 66: 1–6, 2013
194. Vellard J. Investigaciones sobre imunidad natural contra los venenos de serpientes. Rev. Brasileira Biologia 5: 463–467, 1945
195. McKeller MR, Pérez JC. The effects of western diamondback rattlesnake (*Crotalus atrox*) venom on the production of antihemorrhagins and/or antibodies in the Virginia opossum (*Didelphis virginiana*). Toxicon 40: 427–439, 2002
196. Rocha SLG et al. Functional analysis of DM64, an antimytoxic protein with immunoglobulin-like structure from *Didelphis marsupialis* serum. Eur J Biochem 269: 6052–6062, 2002
197. Jurgilas PB et al. Detection of an antibothropic fraction in opossum (*Didelphis marsupialis*) milk that neutralizes *Bothrops jararaca* venom. Toxicon 37: 167–172, 1999
198. Jones RJ, Megarrity RG. Successful transfer of DHP-degrading bacteria from Hawaiian goats to Australian ruminants to overcome the toxicity of *Leucaena*. Aust Vet J 63: 259–262, 1986
199. Allison MJ et al. *Synergistes jonesii*, gen. nov., sp. nov.: A rumen bacterium that degrades toxic pyridinediols. Syst Appl Microbiol 15: 522–529, 1992
200. Moore BD, Foley WJ. Tree use by koalas in a chemically complex landscape. Nature 435: 488–490, 2005
201. Moore BD et al. *Eucalyptus* foliar chemistry explains selective feeding by koalas. Biol Lett 1: 64–67, 2005
202. Van Hoven W. Tannins and digestibility in greater kudu. Can J Anim Sci 64: 177–178, 1984
203. Furstenburg D, van Hoven W. Condensed tannin as anti-defoliate agent against browsing by giraffe (*Giraffa camelopardalis*) in the Kruger National Park. Comp Biochem Physiol, pt A: Physiol 107: 425–431, 1994

204. Abeles FB et al. Ethylene in Plant Biology. Academic Press, San Diego, 1992
205. Trewavas A. Plant intelligence. Naturwissenschaften 92: 401–413, 2005
206. Pfenninger M et al. Busting an invasion myth: the Lusitanian slug (*Arion lusitanicus* auct. non Mobile or *Arion vulgaris* Moquin-Tanda 1855) is native in Central Europe. Evol Appl 7: 702–713, 2014
207. Briner T, Frank T. The palatability of 78 wildflower strip plants to the slug *Arion lusitanicus*. Ann Appl Biol 133: 123–133, 1998
208. Aguiar R, Wink M. How do slugs cope with toxic alkaloids? Chemoecology 15: 167–177, 2005
209. Wink M, Thelle V. Alkaloid tolerance in *Manduca sexta* and phylogenetically related sphingids (Lepidoptera: Sphingidae). Chemoecology 12: 29–66, 2002
210. Kumar P et al. Differences in nicotine metabolism of two *Nicotiana attenuata* herbivores render them differently susceptible to a common native predator. PLOS ONE 9: e95982, 2014
211. Ceja-Navarro JA et al. Gut microbiota mediate caffeine detoxification in the primary insect pest of coffee. Nature Commun 6: 7618, 2015
212. De Fine Licht HH et al. Laccase detoxification mediates the nutritional alliance between leaf-cutting ants and fungus-garden symbiosis. Proc Natl Acad Sci USA 110: 583–587, 2013
213. Wouters FC et al. Reglucosylation of the benzoxazinoid DIMBOA with inversion of stereochemical configuration is a detoxification strategy in lepidopteran herbivores. Angew Chemie Int. edition 53: 11320–11324, 2014
214. Hohnholz H, Schmid R. Maniok. Bedeutung für Wirtschaft und Ernährung in Südostasien. Naturw Rundschau 35: 95–102, 1982
215. Brazil V. A Defesa contra o Ophidismo. São Paulo, 1911Nacht und Nebel – niemand gleich!

Bildnachweis

Benjamint444, Wikimedia: 35

Prof. Dr. Michael Boppré: 16 B, 17 B, 18, 19 A, 19 B

Christian Brede: 5

Jillian Cowles: 30

Caroline Deimel, Luikotale Bonobo Project: 24

Fotolia, Michael Fritzen: 37

Fotolia, Riverwalker: 34

ChrisHodgesUK, Wikimedia: 33

R. L. Hudson: 14

Dr. Deborah Hutchinson: 22

Prof. Jonathan Kingdon: 20

Heidrun Melzer: 4

Brian Ralphs, Wikimedia: 23

Dr. Björn M. von Reumont: 9

Stu's images, Wikimedia: 29 B

Prof. Dr. Ekkehard Wachmann: 8, 15A, 15 B

Winfried Werzmirzowsky: 1, 2, 3

Alle anderen Fotos: Verfasser

Register

B

G

L

M

N

O

P

Q

R

S

T

V